图说蛋鸡标准化养殖技术

主　编

郑长山　黄仁录　李　茜

副主编

侯海锋　陈　辉

编著者（以姓氏笔画为序）

李　茜　李海涛　李丽华　王春生　许书长

陈　辉　张　军　肖亚彬　郑长山　侯海锋

黄仁录　景　松　谢春伏　魏　广　魏忠华

金盾出版社

内 容 提 要

本书内容包括：标准化蛋鸡场建设，主要蛋鸡品种介绍，标准化蛋鸡饲料生产技术，标准化蛋鸡饲养管理技术，标准化蛋鸡场疫病综合防控技术，标准化蛋鸡场生产与经营管理等。标准化养殖是食品安全的一项重要保障，本书以图文并茂的形式，详细解读了标准化商品蛋鸡场的关键技术，内容全面，技术先进、实用，适合基层农技推广人员和蛋鸡养殖场（户）参考。

图书在版编目 (CIP) 数据

图说标准化蛋鸡养殖技术／郑长山，黄仁录，李茜主编．——北京：金盾出版社，2013.12

ISBN 978-7-5082-8548-1

Ⅰ．①图…　Ⅱ．①郑…②黄…③李…　Ⅲ．①卵用鸡－饲养管理－图解　Ⅳ．① S831.4-64

中国版本图书馆 CIP 数据核字 (2013) 第 149770 号

金盾出版社出版、总发行

北京太平路 5 号（地铁万寿路站往南）

邮政编码：100036　电话：68214039　83219215

传真：68276683　网址：www.jdcbs.cn

封面印刷：北京印刷一厂

正文印刷：北京燕华印刷厂

装订：北京燕华印刷厂

各地新华书店经销

开本：850×1168　1/32　印张：4.5　字数：60 千字

2013 年 12 月第 1 版第 1 次印刷

印数：1 ～ 8 000 册　定价：18.00 元

前言

我国是全球第一鸡蛋生产大国，占世界产量的40%以上。但总体而言，技术相对粗放、落后，不到50%来自规模化养殖。依靠“小规模大群体”饲养，虽然提高了我国的鸡蛋产量，但单产、产品质量较低，抵御市场风险能力较弱，疫病和环境污染问题也不能有效控制，规模化、集约化、产业化是我国蛋鸡健康养殖的唯一出路。在这种形势下，农业部从战略高度提出发展畜禽标准化规模养殖，并以“畜禽良种化、养殖设施化、生产规范化、防疫制度化、粪污处理无害化、监管常态化”为突破口，推进畜牧业转型。通过解决蛋鸡标准化养殖中环境调控、鸡舍空气环境净化技术等，提升蛋鸡生产水平。

为适应我国蛋鸡标准化养殖的新形势，在国家蛋鸡产业技术体系和河北省各级部门的支持和帮助下，我们组织了一批长期从事蛋鸡生产的科技工作者，查阅了国内外有关蛋鸡标准化养殖的资料，并将近几年我们完成的河北省科技厅“蛋鸡规模化健康养殖关键技术集成与示范”，农业部公益性科研专项“优质土鸡蛋生产关键技术研究与示范”和“国家蛋鸡产业技术体系”等研究成果收录本书。本书以简洁的文字和丰富多彩的图片，栩栩如生地描述了标准化鸡场建设、蛋鸡品种、饲料生产、饲养管理、疫病防控及鸡场管理等关键技术。本书对科研人员、大专院校师生、生产技术人员具有重要的参考价值，并作为66393部队两用人才培训教材。

在完成相关科研项目和编写本书过程中，有诸多专家提出了宝贵意见，在此一并致谢。

由于蛋鸡标准化养殖技术尚待不断完善及系统化，限于笔者水平，书中不妥之处，敬请同行和广大读者批评指正。

编 著 者

目录

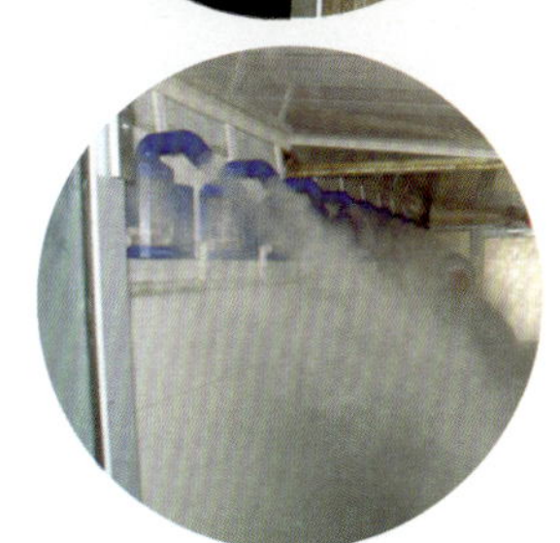

第一章　标准化蛋鸡场建设

第一节　鸡场选址与布局

一、选　址

场址选择应遵循无公害、生态和可持续发展、便于防疫原则，从地形地势、土壤、交通、电力、物质供应及与周围环境的配置关系等多方面综合考虑。

（一）选址原则

距离主要交通干线和居民区 500 米以上，且与其他家禽养殖场及屠宰场距离 1 千米以上（图 1–1）。

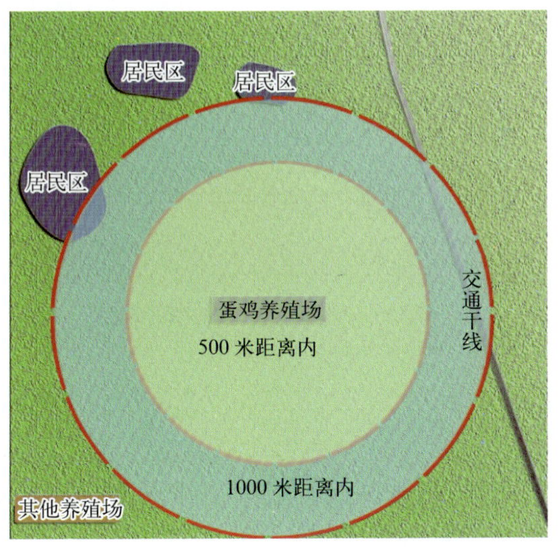

图 1–1　标准化蛋鸡场交通

符合用地规划，《畜牧法》规定的区域。

《中华人民共和国畜牧法》第四十条：禁止在下列区域内建设畜禽养殖场、养殖小区。

（一）生活饮用水的水源保护区，风景名胜区，以及自然保护区的核心区和缓冲区。

（二）城镇居民区、文化教育科学研究区等人口集中区域（文教科研区、医疗区、商业区、工业区、游览区等人口集中地区）。

（三）法律、法规规定的其他禁养区域（《畜禽养殖场业污染防治技术规范》中规定："新建、改建、扩建的畜禽养殖选址应避开规定的禁建区域，在禁建区域附近建设的，应设在规定的禁建区域常年主导风向的下风向或侧风向处，场界与禁建区域边界的最小距离不得小于 500 米）。

地势高燥，通风良好（图 1–2）。

图 1–2　标准化蛋鸡场地势图

（二）基础设施

1. 水源稳定，有贮存、净化设施　水量充足，满足场内人、动物的饮用和生产、管理用水需要。水质良好，满足无公害畜禽饮用水水质标准 NY 5027–2008。

鸡场设水塔，并用水净化剂进行消毒（图 1–3），定期取水样检查。

2. 电力供应有保障　应靠近输电线路，尽量缩短新线敷设距离，同时要求电力安装方便及电力能保证 24 小时供应。同时自备发电机（图 1–4）以保证特殊情况下的电力供应。

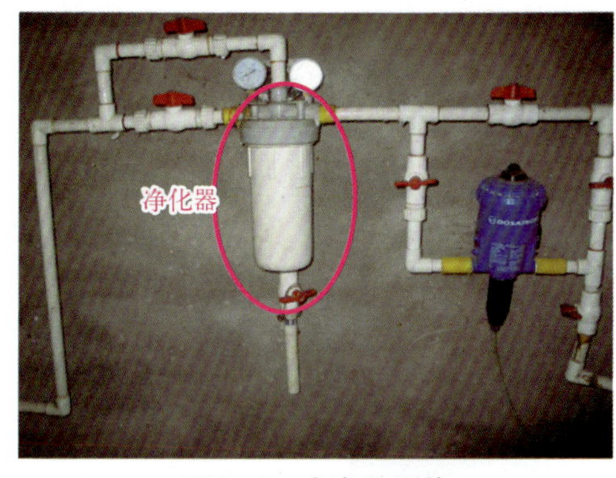

图 1–3　水净化设施

3. 交通便利　有专用车道直达鸡场，路宽满足会车需要；路面硬化，满足最大承载要求（图 1–5）。

图 1–4　自备发电机

图 1–5　蛋鸡场硬化路面

二、鸡场布局

（一）鸡场布局原则

1. 利于生产　鸡场的总体布局首先要满足生产工艺流程的要求，按照生产过程的顺序性和连续性来规划和布置建筑物，达到便于管理、利于生产、提高效率的目的（图 1–6）。

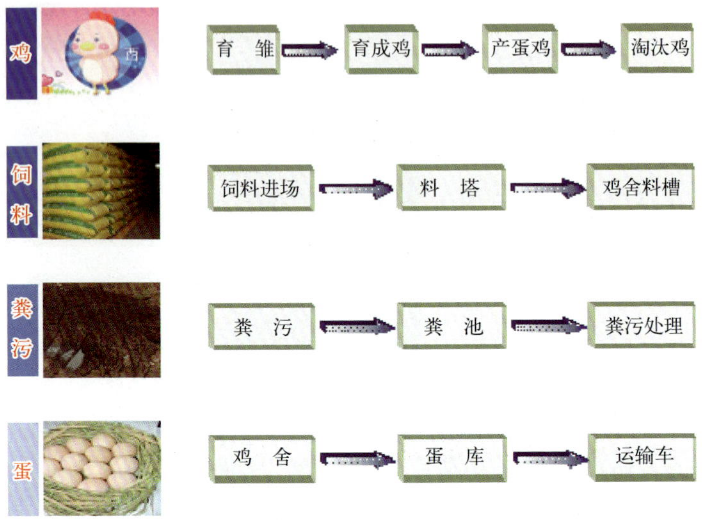

图 1–6 蛋鸡场各生产环节

2. 利于防疫 场区按主导风向、地势高低及水流方向依次布局为生活区、办公区、辅助生产区、生产区和污粪处理区。如地势与风向不一致时则以主导风向为主（图 1–7）。

①生产区与行政管理区和生活区分开。

②生活区最好自成一体，距办公区和生产区 30 米以上。

③办公区与生产辅助区相连，有围墙隔开。

④育雏育成舍与产蛋舍分开，并在上风向，鸡舍间距 20 ~ 40 米。

⑤粪污处理区应在主风向的下方，与生活区保持 500 米以上的距离。

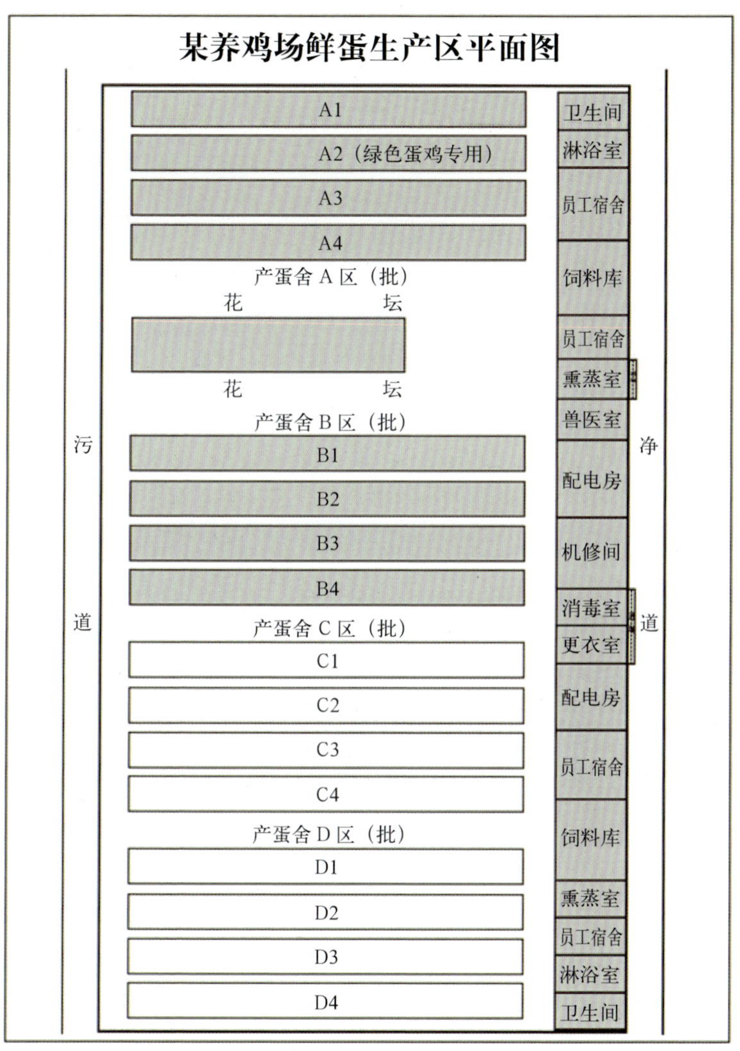
某养鸡场鲜蛋生产区平面图
A1
A2（绿色蛋鸡专用）
A3
A4
产蛋舍 A 区（批）
花 坛
花 坛
产蛋舍 B 区（批）
B1
B2
B3
B4
产蛋舍 C 区（批）
C1
C2
C3
C4
产蛋舍 D 区（批）
D1
D2
D3
D4
污 道
净 道
卫生间
淋浴室
员工宿舍
饲料库
员工宿舍
熏蒸室
兽医室
配电房
机修间
消毒室
更衣室
配电房
员工宿舍
饲料库
熏蒸室
员工宿舍
淋浴室
卫生间

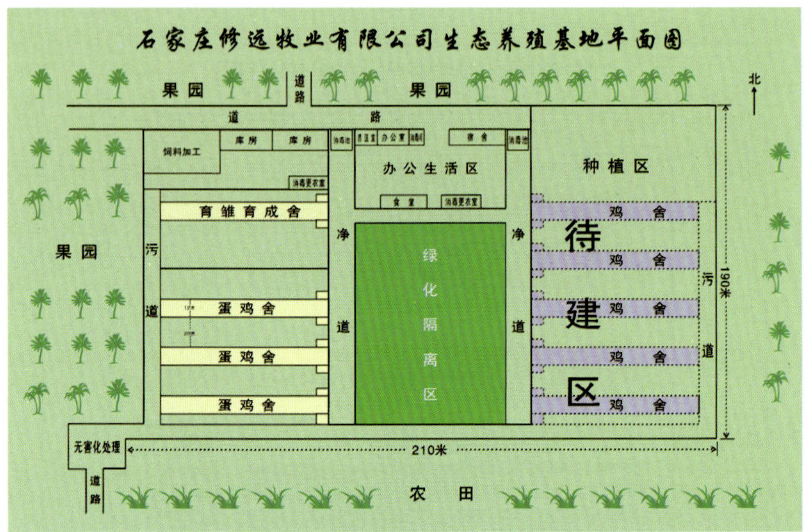

图 1–7　蛋鸡场区布局

3. 净道和污道分开　净道是饲养员从料库到鸡舍运输饲料的道路，污道是鸡场通向化粪池的道路。污道不能与净道混在一起，或有交叉，否则易暴发传染病（图 1–8）。

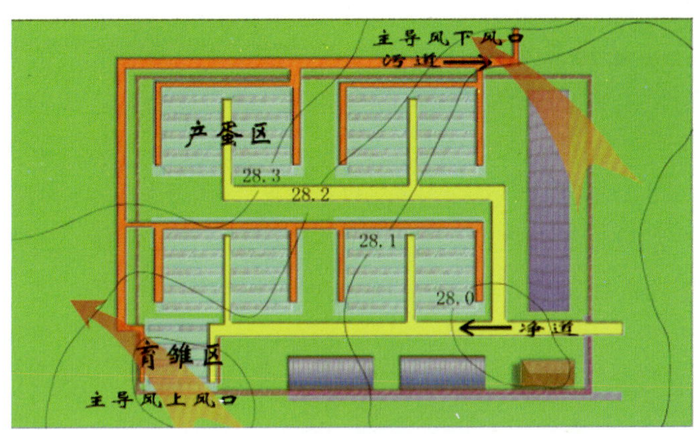

图 1–8　净道与污道分开（单位：米）

第二节　标准化鸡场建筑

一、标准化鸡舍建筑类型

（一）半开放式鸡舍

半开放式鸡舍有窗户（图 1–9）。其优点是鸡舍造价低，设备投资少，照明耗电少，能充分利用自然资源，在恶劣的气候条件下可实现人工调控；缺点是饲养密度低，防疫较困难，外界环境对鸡群影响较大，蛋鸡产蛋率波动大。

图 1–9　半开放式鸡舍

（二）密闭式鸡舍

密闭式鸡舍一般是用隔热性能好的材料建造，不设窗户，只有能遮光的进气孔和排气孔，舍内小气候通过各种调节设备控制（图 1–10）。其优点是保温隔热性能好，可人为控制鸡的性成熟、刺激产蛋和限制饲喂、强制换羽等措施的执行，饲料报酬增高；缺点是投资高，要有稳定而可靠的电力供应。

图 1–10　密闭式鸡舍

二、鸡舍建筑参数

（一）1 万只规模蛋鸡舍建筑

1. 育雏育成舍　坐北朝南，每栋鸡舍长 45 米，跨度 11.4 米，双坡式屋顶结构，屋顶密封，不设窗，顶层加保温隔热层，内部吊顶，舍内地面距离吊顶 2 米，建筑外檐高 2.5 米，侧墙设紧急通风口，为全封闭式，三七墙体加保温隔热板层，墙体表面的内、外均用水泥、白灰抹面。前端工作道（净道端）宽 3 米，尾端工作道（污道端）宽 2 米，笼具间走道宽 1 米。3 列笼具 4 走道，每列 20 组笼具，共 60 组；单列笼长 40 米，鸡笼架跨度 2.4 米，单栋饲养量可达 10 800 只。

鸡舍净道端外部的南侧设 9 米^{2}料房；鸡舍污道端外部设粪沟，长 5 米、宽 1.5 米、深 1 米，舍内粪沟深 40 ~ 60 厘米（图 1–11）。

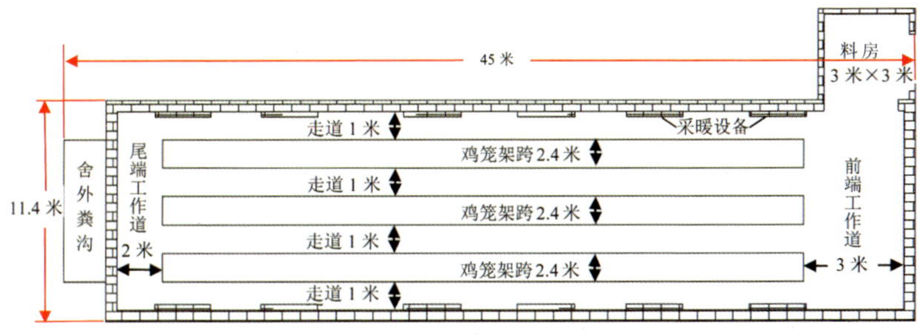

图 1–11　1 万只育雏育成鸡舍建筑平剖图

2. *产蛋鸡舍*　坐北朝南，长 65 米，跨度 11.4 米，双坡式屋顶结构，屋顶密封，不设窗，顶层加保温隔热层，建筑外檐高 3.6 米，侧墙开窗，三七墙体加保温隔热板层，墙体表面的内外、均用水泥、白灰抹面。前端工作道（净道端）宽 3 米，尾端工作道（污道端）宽 2 米，笼具间走道宽 1.0 米。3 列 4 走道，4 层阶梯笼，每列 28 组，共 84 组；单列笼长 56 米，鸡笼架跨度 2.4 米，单栋饲养量可达 10 080 只。

鸡舍净道端外部的南侧设料房，北侧设贮蛋间，每间耳房各 9 米^2；鸡舍污道端外部设粪沟，长 8 米、宽 1.5 米、深 1 米，舍内粪沟深 40 ~ 60 厘米（图 1–12）。

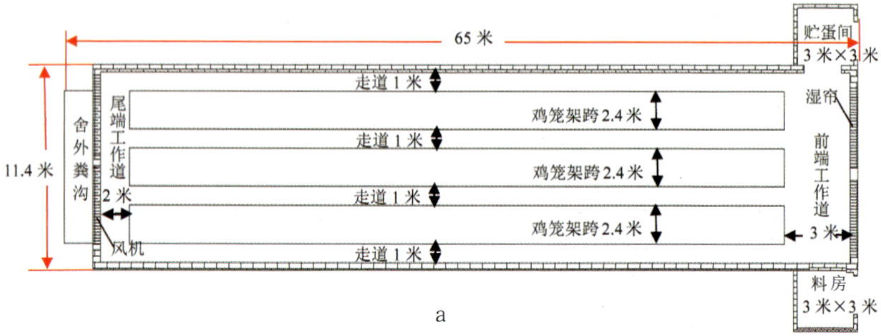

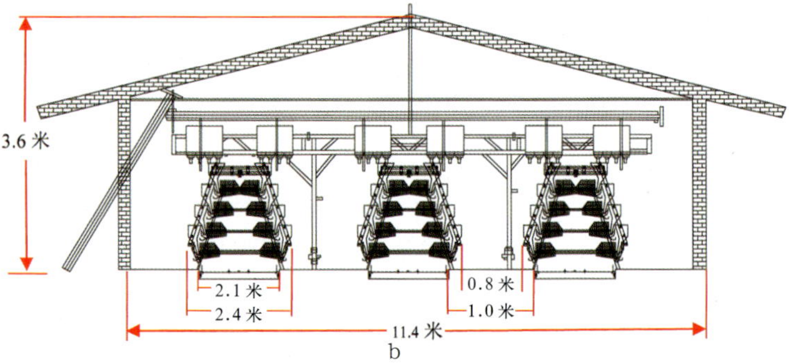

a

b

图 1–12　1 万只产蛋鸡舍建筑图

a. 平剖图　b. 立剖图

（二）3 万只规模蛋鸡舍建筑

1. **育雏育成舍**　坐北朝南，长 81.3 米，跨度 11.5 米，双坡式屋顶结构，屋顶密封不设窗；房屋结构形式采用整体框架，H 形钢柱、钢梁和 C 形钢檩条；屋面采用 KB 铝箔保温复合板（环保材料），内部吊顶，舍内地面距离吊顶 2 米，建筑外檐高 3.5 米，侧墙无窗，设紧急通风口，为全封闭式；墙体采用现场支模板浇注膨胀型保温混凝土，内外表面均用水泥、白灰抹面。前端工作道（净道端）宽 3 米，尾端工作道（污道端）宽 2 米，笼具间走道宽 1.0 米。4 列 5 走道，每列 37 组，共 148 组；单列笼长 74 米，鸡笼架跨度 1.6 米，单栋饲养量可达 35 520 只（图 1–13）。

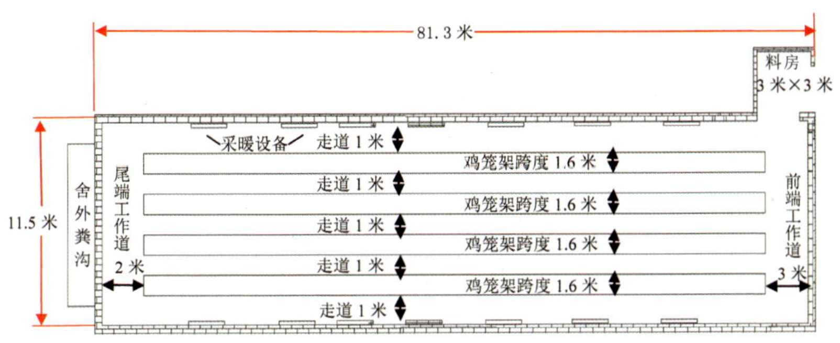

图 1–13　3 万只育雏育成鸡舍建筑平剖图

2. 产蛋鸡舍　坐北朝南，长 82.3 米，跨度 11.4 米，双坡式屋顶结构，屋顶密封，不设窗；房屋结构形式采用整体框架，H 形钢柱、钢梁和 C 形钢檩条；屋面采用 KB 铝箔保温复合板（环保材料），建筑外檐高 3.5 米，侧墙无窗，设紧急通风口，为全封闭鸡舍形式；墙体采用现场支模板浇注膨胀型保温混凝土，内、外表面均用水泥、白灰抹面。前端工作道（净道端）宽 3 米，尾端工作道（污道端）宽 2 米，笼具间走道宽 1 米。4 列 5 走道，每列 32 组，共 128 组；单列笼长 73 米，鸡笼架跨度 1.59 米，单栋饲养量可达 30 720 只。鸡舍净道端外部的南侧设料房，北侧设贮蛋间，每间耳房各 9 米^2（图 1–14）。

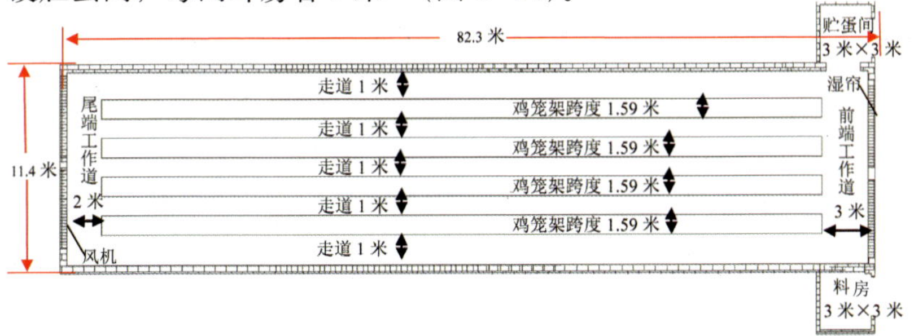

图 1–14　3 万只产蛋鸡舍建筑平剖图

第三节　设施、设备

一、通风换气设备

通风换气是为了补充氧气、排出水分和有害气体，并保持适宜的温度，是调节鸡舍空气环境最主要、最常用的手段。通风设备一般有轴流式风机、离心式风机、吊扇和圆周扇。通风方式分自然通风、机械通风和混合通风 3 种。机械通风又分为正压通风、负压通风和零压通风 3 种。根据鸡舍内气体流动的方向，鸡舍通风分为横向通风和纵向通风。

（一）正压通风

风机向舍内强制送入经处理的新鲜空气，舍内形成正压，即可将污浊的空气排走。这种方式多用于育雏舍，热风炉供暖方式实际上是一种正压通风方式。

（二）负压通风

用风机将鸡舍内污浊、温度较高的空气抽出，新鲜空气则充入舍内。根据气流方向的不同，负压通风分成横向负压通风和纵向负压通风两种类型。

1. 横向负压通风　风机安装在屋脊或侧墙上，这种工艺应用风机数量多，耗电量大，鸡舍较宽时换气不均匀；多栋鸡舍排列时通风易形成“串糖葫芦”的现象，不利于防疫卫生（图 1–15）。

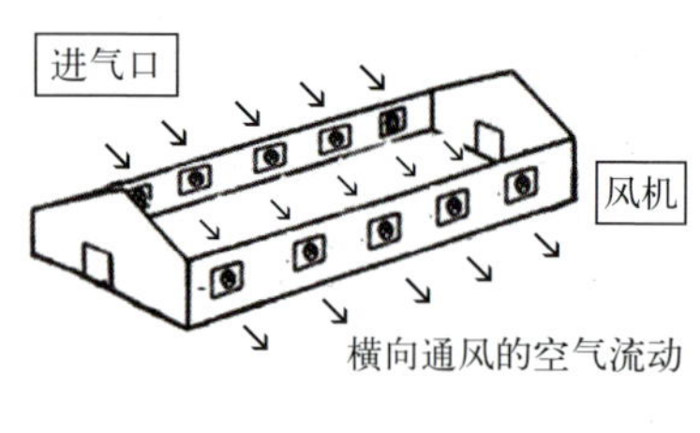

图 1–15　横向通风鸡舍

2. 纵向负压通风　风机安装在一侧山墙上，风机为专用的低风压、大流量的轴流风机。进风窗的位置主要设在对侧山墙上，以保证夏季炎热时的通风需要。纵向负压通风结合了纵向通风和负压通风两者的优点，鸡舍内没有通风死角（图 1–16）。

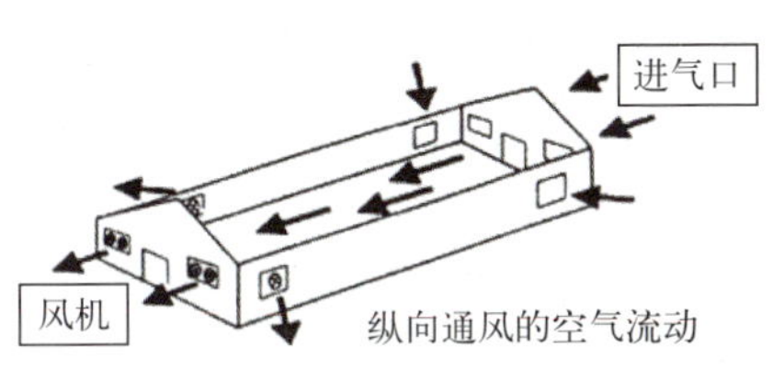

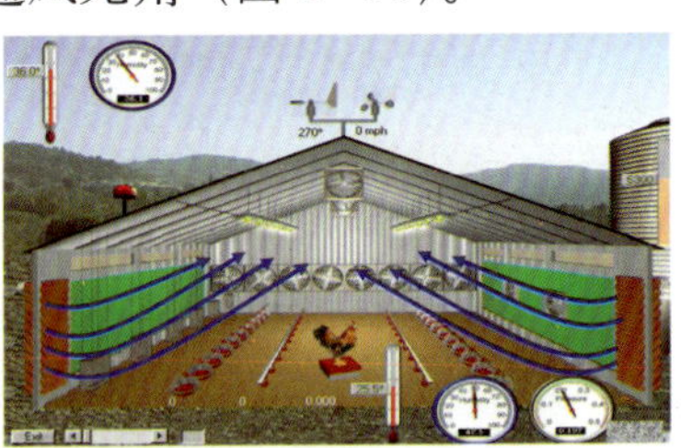

图 1–16　鸡舍纵向通风

（三）混合通风

也称联合通风，是一种采用机械送风和机械排风相结合的通风方式。

二、供暖设备

（一）煤　炉

煤炉供暖方式优点：投资少，简便易行，适合于平养及重叠笼育雏舍。缺点：舍内温度不均匀，消耗舍内大量氧气，必须加大鸡舍的通风换气量，卫生较差。

（二）火墙或地炕

优点：舍内温度较均匀，卫生状况较好。因为燃烧时消耗的是舍外的氧气，可以减少鸡舍的通风换气量。

（三）暖风炉

优点：舍内温度较均匀，卫生好，燃料消耗较少。缺点：一次性设备投资较大。

各种供暖设备见图 1–17。

图 1–17　各种供暖设备

（四）保　温　伞

保温伞供暖方式用于局部雏鸡饲养方式。根据所耗的能源不同，可分为燃气式和电热式保温伞两种（图 1–18）。

图 1–18　保 温 伞

三、降温设备

（一）湿　帘

湿帘是利用水蒸气降温的原理来改善鸡舍内热环境的技术措施（图 1–19）。

图 1–19　鸡舍净端湿帘

（二）喷雾系统

喷雾降温系统是将喷嘴安装在舍内或笼内鸡的上方，以不同压力进行喷雾（图 1–20）达到降温的目的。

1. 低压喷雾系统　喷嘴安装在舍内或笼内鸡的上方，以常规压力进行喷雾。

2. 高压喷雾系统　特制的喷头可以将水由液态转为气态，这种变化过程具有极强的冷却作用。

图 1–20　喷雾系统

四、光照控制设备

标准化鸡舍的光照全部或部分由人工光照满足。光照控制设备包括照明灯、电线、电缆、控制系统和配电系统。密闭鸡舍适用的有遮光流板和 24 小时可编光照程序控制器（图 1–21）。

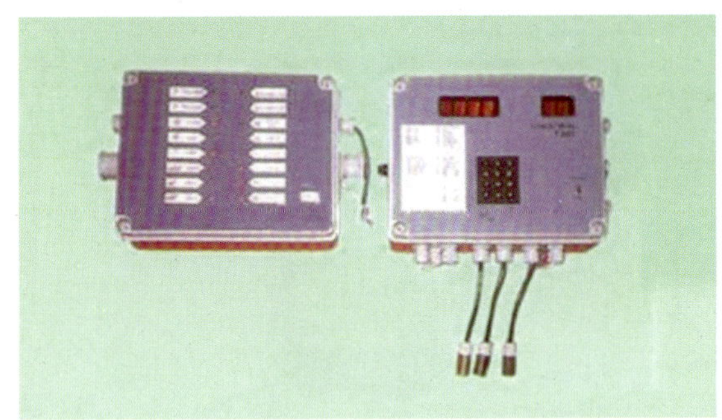

图 1–21　光照控制设备

五、消毒设施

（一）消 毒 池

车辆消毒池池深 0.3 ～ 0.5 米，宽度根据进、出车辆的宽度确定，一般为 3 ～ 5 米，长度通常为 5 ～ 9 米，池边应高出消毒液 0.05 ～ 0.1 米。

消毒池上方最好建顶棚（图 1–22）。常用 2% ～ 3% 的氢氧化钠溶液或 5% 的甲酚皂溶液（来苏儿水），每 3 ～ 4 天更换 1 次。

北方冬季消毒池应有防冻措施。

图 1–22　消 毒 池

（二）喷雾消毒器

喷雾消毒器用于鸡舍内部消毒，也可作为生产区人员和车辆的消毒设施，一般分为气动喷雾器和电动喷雾器（图 1–23）。

图 1–23　喷雾消毒器

（三）紫外线消毒灯

空气消毒，当室温在 20℃ ~ 40℃、相对湿度不超过 60% 情况下，照射 30 分钟，即可达到消毒目的；表面消毒，将紫外线灯悬于消毒物体上方 1 米左右，照射时间为 30 分钟（图 1–24）。

图 1–24　紫外线消毒

（四）火焰消毒器

主要用于鸡群淘汰后喷烧舍内笼网和墙壁上的羽毛、鸡粪等残存物，以烧死附着的病原微生物（图 1–25）。

图 1–25　火焰消毒

（五）高压冲洗消毒器

通过动力装置使高压柱塞泵产生高压水来冲洗物体表面，水的冲击力大于污垢与物体表面的附着力，高压水就会将污垢剥离、冲走，从而达到清洗物体表面的目的（图 1–26）。

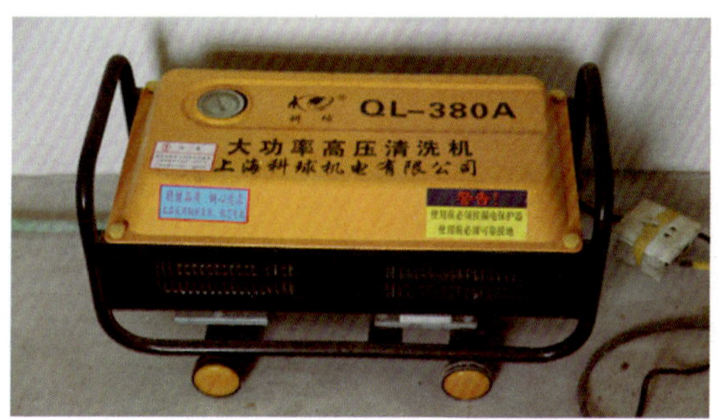

图 1–26　高压冲洗消毒器

六、集蛋设备

规模化、机械化、信息化的集蛋装置是一条从生产鸡舍到鸡蛋成品车间连续作业的流水设备。其中包括鸡蛋的采集，鸡蛋的分级以及成品鸡蛋的清洗包装（图 1–27）。

集蛋系统

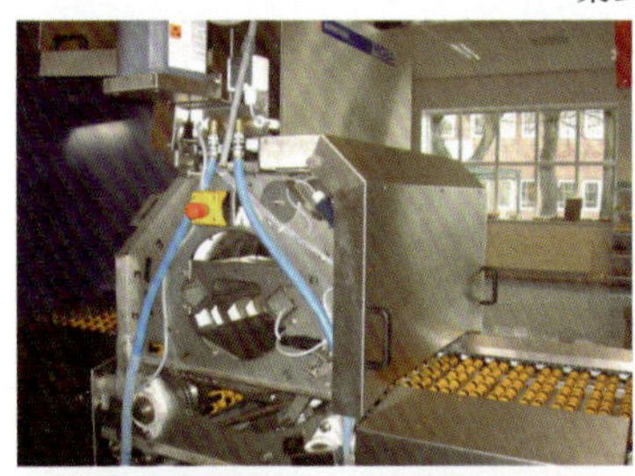

分级系统

贴码和分装

图 1–27　集蛋设备

七、喂料设备

料塔和上料输送装置是机械化养鸡设备之一。给料车有行车式、播种机式、链条式等。全自动行车式喂料系统，在笼养鸡舍中常用，优点是：坚固耐用，维修费用低，能耗低，每只鸡都能获得同样质量的新鲜饲料（图 1–28）。

图 1–28　喂料设备

（一）行车式喂料

行车式喂料具有喂料均匀、节省时间、减轻养鸡户劳动力，解决了人工喂料时产生的喂料不均匀、撒料等缺点（图 1–29）。

图 1–29　行车式喂料

（二）播种机式喂料

播种机式喂料机具有布料均匀、噪声小、节能、节约饲料、节省人工时间、运行平稳、速度快，2 排、3 排、4 排鸡笼，3 层、4 层均可选择（图 1–30）。

图 1–30　播种机式喂料

八、饮水设备

（一）真空式饮水器

主要适用于平养的雏鸡（网上平养和地面平养），多采用聚乙烯塑料制成（图 1–31）。优点是成本低，轻便，饮水较干净。

（二）吊塔式饮水器

适用于平养的雏鸡和育成鸡，由饮水盘和控制机构两部分组成（图 1–32）。

图 1–31　真空式饮水器

图 1–32　吊塔式饮水器

（三）长槽式饮水器

可用于笼养网上平养。深度一般为 50 ～ 60 毫米，上口宽 50 毫米。有“V”形和“U”形水槽，“V”形水槽通常由镀锌铁皮做成，“U”形水槽可用塑料做成，呈长条状，挂于鸡笼或围栏之前，易于清刷，防止腐蚀。饮水时要用铁丝网罩盖住，以防鸡进入水槽内；缺点是水易受到污染，易传播疾病，耗水量大（图 1–33）。

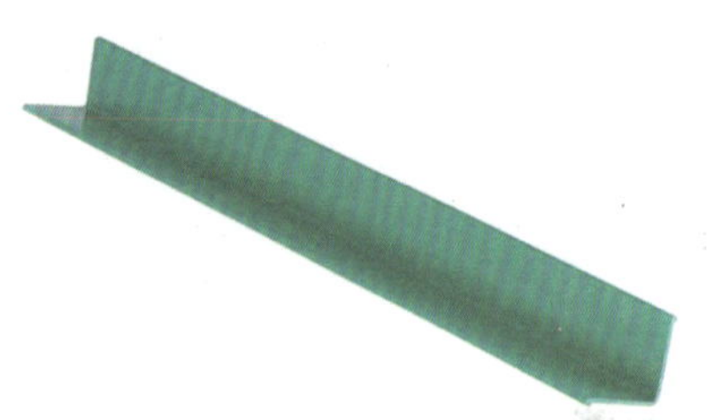

图 1–33　V 形槽式饮水方式

（四）乳头式饮水器

这种饮水器主要用于笼养鸡。优点是节约用水，利于防疫，并且不需要清洗，经久耐用不需要经常更换；缺点是每层鸡笼均需设置减压水箱，不便进行饮水免疫，对材料和制造精度要求较高（图 1–34）。

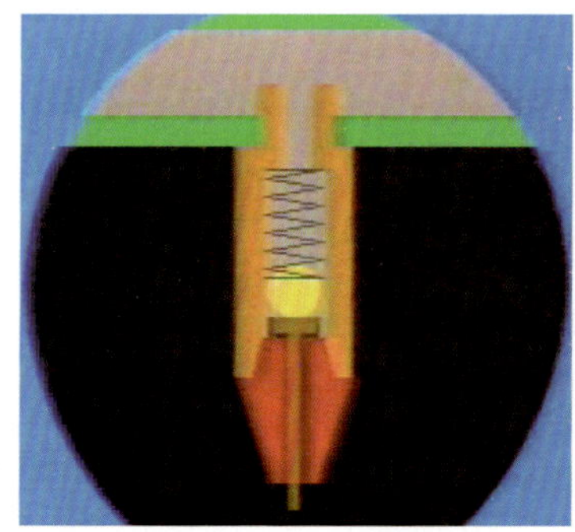

图 1–34　乳头式饮水器

（五）杯式饮水器

分为阀柄式和浮嘴式两种。优点是不易传染疾病，缺点是清洗麻烦，不便于进行饮水免疫（图 1–35）。

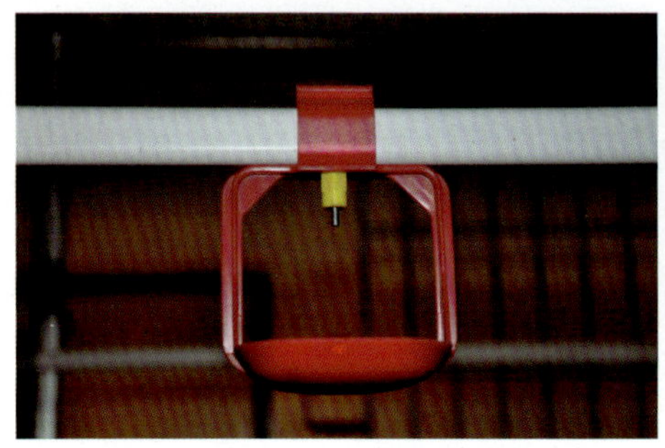

图 1–35　杯式饮水方式

九、笼　具

（一）育雏设备

1. 平面网上育雏设备　雏鸡饲养在鸡舍内离地面一定高度的平网上，平网可用金属、塑料或竹木制成，平网离地高度 80 ~ 100 厘米，网眼为 1.2 厘米 ×1.2 厘米。这种方式雏鸡不与地面粪便接触，可减少疾病传播。

2. 立体育雏设备　雏鸡饲养在鸡舍内离开地面的重叠笼或阶梯笼内（图 1–36），笼子用金属、塑料制成，规格一般为 1 米 ×2 米，这种方式虽然增加了育雏笼的投资成本，但有以下几方面的优点：提高了单位面积的育雏数量和房屋利用率；雏鸡发育整齐，减少了疾病传染，提高了成活率。

图 1–36　育雏层叠笼

（二）育成设备

1. 平养　育雏的网上平养设备用来育成，育成期网上平养密度为 20 只 / 米 ^{2} 左右。

2. 笼养　育雏笼继续用于育成。鸡群进入育成期后，及时调整饲养密度，一般为 20 ～ 30 只 / 米 ^{2}（图 1–37）。

图 1–37　育成阶梯笼

（三）产蛋鸡笼

1. 层叠式鸡笼　上、下层笼体完全重叠，一般为 4 ～ 8 层，两层间装有承粪板。采用长槽式料槽和长槽式饮水器或杯式、乳头式饮水器（图 1–38）。

2. 半阶梯式鸡笼　鸡笼重叠部分可占笼体深度的1/4～1/3，下层笼重叠部分的顶网制成斜角，上置承粪板。这种形式占地面积小，舍饲密度较大，适用于密闭鸡舍和通风条件良好的开放式或半开放式鸡舍（图1–39）。

图 1–38 层叠产蛋笼

图 1–39　半阶梯式鸡笼

十、清粪设备

机械清粪设备包括刮板式、传送带式。它具有节省劳力、对鸡群影响小、鸡舍内积粪少等优点。机械清粪可有效分离鸡舍的净端、污端及鸡场养殖区的净道、污道。

（一）刮板式清粪设备

目前常用的是牵引式刮粪机，具有结构简单，安装、调试和日常维修保养方便，清粪效果好等优点。但牵引钢索容易断裂，噪声较大（图 1–40）。

图 1-40　刮板式清粪设备

（二）传送带式清粪设备

大型、现代蛋鸡场多采用传送带式清粪方式，此方式对能源依赖性高、设备维护要求高（图 1-41）。

图 1-41　传送带式清粪设备

第二章 优良蛋鸡品种

第一节 国外引进蛋鸡品种

一、海兰蛋鸡

海兰蛋鸡由美国海兰家禽育种公司育成，具有生产性能高，适应性广，抗病能力强，耐热，安静不神经质、易于管理。海兰褐：成活率96% ~ 98%；至72周龄平均产蛋总重19.4千克，平均日耗料114克,料蛋比(21 ~ 72周)2.36 : 1（图2–1）。

图2–1 海兰蛋鸡

二、罗 曼 褐

罗曼褐由德国罗曼公司育成，属中型体重高产蛋鸡，四系配套，有羽色伴性基因。至74周龄蛋重64 ~ 65克，产蛋期日耗料110 ~ 120克（图2–2）。

图2–2 罗 曼 褐

三、伊 莎 褐

法国依莎公司育成，属四系配套中型体重的高产棕壳蛋鸡。具有较好的抗热性能，是当前世界上主要高产蛋用鸡种之一，有羽色和快慢羽两个伴性基因。全群达 50% 产蛋日龄 160 ～ 168 天，开产体重 1.55 ～ 1.65 千克，入舍母鸡 72 周龄产蛋 280 ～ 290 枚，蛋重 63 ～ 65 克，料蛋比 2.3 ～ 2.4 : 1（图 2–3）。

图 2–3 伊莎褐

四、罗斯褐

罗斯褐由英国罗斯公司育成，属高产蛋鸡，适应性强，抗逆性表现较好。有金银色和快慢羽两个伴性基因。72 周龄平均产蛋量 271.4 枚，平均蛋重 63.6 克，平均总蛋重 17.25 千克，平均每千克蛋耗料 2.46 千克；0 ～ 20 周龄育成率 99.1%，产蛋期死亡淘汰率 10.4%（图 2–4）。

图 2–4 罗斯褐

五、海赛克斯（褐）

海赛克斯（褐）是由荷兰尤里布德公司培育的中型褐壳蛋鸡。具有羽色伴性基因。此鸡性情温驯，好管理，抗寒性强，抗逆性好且具有产蛋高峰期长，破壳蛋少的特点。但耐热性较差，适宜在北方寒冷地区饲养。72 周龄平均产蛋量 302 枚，平均蛋重 63.6 克，平均总蛋重 19.2 千克，平均每千克蛋耗料 2.38 千克，产蛋期末平均体重 2.22 千克，产蛋期存活率 95%（图 2–5）。

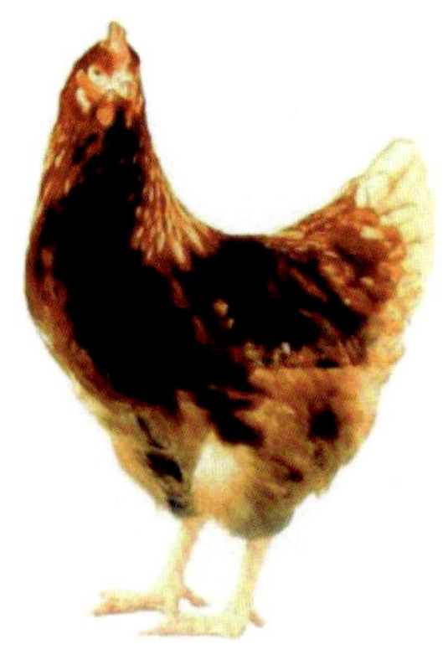
图 2–5 海赛克斯（褐）

六、星杂 579（褐）

星杂 579（褐）又名 S579，由加拿

图 2–6 星杂 579（褐）

大谢佛公司育成。该鸡具有羽色伴性遗传，可根据羽色识别公、母。平均开产日龄 168 天，27 ~ 29 周龄达产蛋高峰；72 周龄入舍母鸡产蛋 250 ~ 270 枚，平均蛋重 63 克，产蛋期料蛋比 2.6 ~ 2.8 : 1，成活率 92% ~ 94%（图 2–6）。

第二节 国内优良蛋鸡品种

一、京红 1 号

京红 1 号由北京峪口培育而成。开产早，产蛋多，140 日龄产蛋率达到 50%；90% 以上产蛋率维持 9 个月以上。好饲养，抗病强；适应粗放的饲养环境；育雏、育成成活率 97% 以上；产蛋鸡成活率 97% 以上；免疫调节能力强。吃料少，效益高，高峰期料蛋比 2.0 ~ 2.1 : 1（图 2–7）。

图 2–7 京红 1 号

二、京粉 1 号

京粉 1 号是在我国饲养环境下自主培育出的优良浅褐壳蛋鸡配套系，具有适应性强、产蛋量高、耗料低等特点，父母代种鸡 68 周龄可提供健母雏 96 只以上，商品代 72 周龄产蛋总重可达 18.9 千克以上。商品代蛋鸡育雏、育成期成活率 96% ~ 98%，产蛋期成活率 92% ~ 95%，高峰产蛋率 93% ~ 96%，产蛋期料蛋比 2.1 ~ 2.2 : 1（图 2–8）。

三、农大褐 3 号

图 2–8　京粉 1 号

农大褐 3 号属矮小型蛋鸡，由中国农业大学动物科技学院用纯合矮小型公鸡与慢羽普通型母鸡杂交育成的配套系，商品代生产性能高，可根据羽速自别雌雄。72 周龄平均产蛋数可达 260 枚，平均蛋重 58 克，产蛋期日耗料量 85 ~ 90 克 / 只，料蛋比 2.1∶1（图 2–9）。

图 2–9　农大褐 3 号

四、新杨白壳蛋鸡配套系

新杨白壳蛋鸡配套系是由上海新杨家禽育种中心主持培育的蛋鸡配套系新品种。商品代至 72 周龄产蛋数 295 ~ 305 枚，蛋重 61.5 ~ 63.5 克，料蛋比 2.08 ~ 2.2∶1（图 2–10）。

图 2–10　新杨白壳蛋鸡

五、新杨绿壳蛋鸡配套系

新杨绿壳蛋鸡配套系是由上海新杨

家禽育种中心主持培育的蛋鸡配套系鸡种。商品代 72 周龄产蛋数 227 ~ 238 枚，蛋重 48.8 ~ 50 克，产蛋期只平均日耗料 85 克(图 2–11)。

图 2–11　新杨绿壳蛋鸡

第三章 标准化蛋鸡饲料生产技术

第一节 蛋鸡的营养需要

一、营养需要

营养需要也称营养需要量，是指动物在最适宜环境条件下，正常、健康生长或达到理想生产成绩对各种营养物质种类和数量的最低要求。动物对养分的需要包括两部分，一部分用于维持动物基本的生命活动，表现为维持基础代谢和必要的自由活动，这部分需要称为维持需要；另一部分主要用于动物的生长或生产，称为生产需要，根据生产目的的不同，又可把生产需要分为生长需要、产蛋需要等。维持需要仅维持动物自身的生命，不产生经济效益，生产需要才对人类真正有用。维持需要占营养需要的比例越低，动物生产的经济效益就越高。

二、饲养标准

根据大量饲养试验结果和动物生产实践的经验总结，对各种特定动物所需要的各种营养物质的定额做出的规定，这种系统的营养定额及有关资料统称为饲养标准。一般以表格形式表示，以每日每只具体需要量或占日粮的百分含量表示。一个完整的饲养标准应包括两个主要部分，即动物营养需要量表和常用饲料营养价值表。饲养标准是动物营养需要研究应用于动物饲养实践的最有权威的表述，反映了动物生存和生产对饲料及营养物质的客观要求，高度概括和总结了营养研究和实践的最新进展，具有很强的科学性和广泛的指导性。饲养标准不仅是动物饲养的准则，使动物饲养者做到胸中有数，不盲目饲养，而且是动物生产计划中组织饲料供给、设计饲料配方、生产平衡饲粮和对动物实行标准化饲养的技术指南和科学依据。

蛋鸡在维持生命活动和生产过程中，必须从饲料中摄取需要的营养物质，将其转化成自身的营养，形成鸡蛋。这些营养物质主要包括能量、蛋白质或氨基酸、维生素、矿物质及水 5 大类。鸡的营养需要量受到遗传、生理状况、饲养管理及环境因素等多方面的影响。

三、蛋鸡所需营养物质及特性

蛋鸡所需营养物质及特性见表 3−1。

表 3−1　蛋鸡所需营养物质及特性

营养物质	作　用	供给不足
碳水化合物	提供能量	影响脂溶性维生素的吸收利用
蛋白质	机体重要组成成分	影响蛋鸡机体代谢、产蛋
矿物质	机体组成成分之一；调节渗透压、作为体内多种酶的激活剂、调节体内酸碱平衡等 常量元素：钙、磷、钾、钠、氯、镁和硫等 微量元素：铁、锌、铜、锰、钴、碘、钼、硒、铬等	导致疾病发生、影响产蛋、蛋壳质量
维生素	调节碳水化合物、蛋白质、脂肪代谢的功能 脂溶性维生素：维生素 A、维生素 D、维生素 E 和维生素 K 水溶性维生素：B 族维生素和维生素 C 等	导致维生素缺乏症
水	机体、鸡蛋重要组成部分；调节碳水化合物、蛋白质、脂肪代谢	产蛋下降、死亡

第二节　蛋鸡常用饲料原料

蛋鸡常用饲料原料见表 3–2。

表 3–2　蛋鸡常用饲料原料

类　型		原料名称	用量范围	营养特性
能量饲料	谷实类	玉　米	35% ~ 65%	玉米能量高，纤维少，适口性好，产量高，价格便宜，是广泛利用于蛋鸡的最经济的能量饲料。由于玉米含有较多的叶黄素和胡萝卜素，有利于鸡的生长、产蛋，可改善蛋黄及鸡胴体的色泽，有助于提高商品价值
		小　麦	10% ~ 30%	小麦含热能较高，蛋白质含量高，氨基酸比其他谷类完善，B 族维生素也较丰富
		高　粱	5% ~ 15%	高粱可替代部分玉米用作能量饲料。主要缺点是其种皮部分含有单宁酸，具有苦涩味而使适口性下降
		糙　米	20% ~ 40%	能量低于玉米，适口性较好
	糠麸类	小麦麸	雏鸡:5% ~ 10% 后备鸡和产蛋鸡：10% ~ 20%	小麦麸价格便宜，含有较多的蛋白质、必需氨基酸、锰和 B 族维生素，各种成分比较均匀，且适口性好。但小麦麸含能量低，含纤维量高，比重小且有轻泻作用，因此其用量不宜过大
		米　糠	<8%	脂肪、粗蛋白质及 B 族维生素等含量均高，粗纤维含量高，质软味甜，鸡喜欢吃，但含磷酸和镁较多，在混合料中一般不超过 8%，过多容易引起腹泻
		油　脂	2% ~ 4%	能量高，使用油脂可减少混合粉料的飞扬，促进生长，提高饲料转化率

续表 3–2

类　型		原料名称	用量范围	营养特性
蛋白质饲料	植物性蛋白质饲料	大豆饼粕	10% ~ 25%	大豆饼（粕）粗蛋白质含量为40% ~ 46%，代谢能达10 ~ 11兆焦 / 千克，蛋白质含量粕高于饼，能量却相反，必需氨基酸的组成比例也相当好，尤其是赖氨酸含量最高，可达2.5% ~ 2.8%，是棉仁饼、菜籽饼和花生饼的2倍，是饼、粕类饲料中含量最高的，故适用于快速生长动物的需要
		花生饼粕	6% ~ 9%	营养价值仅次于大豆饼，花生粕代谢能值较高，粗蛋白质含量不低于大豆粕在40% ~ 49%，赖氨酸（1.35%）、蛋氨酸（0.39%）含量偏低，精氨酸（5.2%）、组氨酸含量相当高
		棉籽饼	<6%	粗蛋白质含量32% ~ 37%，粗纤维含量随去壳程度而异
		菜籽饼	5%	富含蛋氨酸、赖氨酸，而精氨酸含量低，但菜籽饼中含有毒的芥子苷毒素，家禽采食过量会导致生长受阻，甲状腺肿大、破蛋和软蛋增加，需经去毒才能作为鸡饲料，雏鸡料中不能加菜籽饼
	动物性蛋白质饲料	鱼　粉	1% ~ 6%	鱼粉的代谢能值高，蛋白质含量高，品质好，赖氨酸、蛋氨酸、色氨酸、胱氨酸等含量高。钙、磷、碘、硒含量丰富，含有丰富的B族维生素，尤以维生素B2及维生素B12的含量最丰富，还富含维生素A、维生素D
		肉骨粉	<6%	赖氨酸含量高，蛋氨酸、色氨酸含量低，钙、磷不平衡，利用率变化大
		羽毛粉	<3%	含有近80%的蛋白质，但氨基酸组成不平衡，氨基酸中以含硫氨基酸、胱氨酸含量最高，异亮氨酸次之，但蛋氨酸、赖氨酸、组氨酸、色氨酸含量均很低。饲料中要注意氨基酸的平衡

续表 3–2

类　型		原料名称	用量范围	营养特性
		血　粉	<5%	赖氨酸含量高达 7% ~ 8%（比常用鱼粉含量还高），组氨酸的含量也较高，精氨酸含量低，几乎不含亮氨酸，氨基酸极不平衡，适口性差，且不易消化，与花生饼、棉仁饼等其他蛋白质饲料配合使用饲养效果较高。在混合料中血粉含量一般不超过 5%，否则影响食欲，还可能引起腹泻。总之，血粉是蛋白质含量很高的饲料，同时又是氨基酸很不平衡的饲料
矿物质饲料		骨　粉	1% ~ 3%	钙、磷的含量丰富，而且比例适当
		贝壳粉	雏鸡：1% ~ 2%；产蛋鸡：4% ~ 8%	主要成分为碳酸钙，家禽的吸收率高，是最好的矿物质饲料
		石　粉	雏鸡：1%；成年鸡：6% ~ 8%	是补充钙最经济的矿物质原料。一般而言，碳酸钙颗粒越细，吸收率越高，产蛋期使用以粗粒为好
		磷酸氢钙	0.5% ~ 2%	磷酸氢钙为白色或灰白色粉末或粒状，含钙 21% 以上，含磷 16% 以上，钙、磷利用率均高。使用时一定要注意含氟量不能超过 0.04%，铅、砷等重金属含量不得超标
		食　盐	0.37%	主要成分是氯化钠，氯和钠是鸡不可缺少的矿物质元素，其主要作用是刺激唾液的分泌，促进消化，提供钠、氯离子以维持体液正常渗透压等
添加剂饲料	营养性添加剂	氨基酸		在鸡饲料中，蛋氨酸是第一限制性氨基酸，添加蛋氨酸可以节省动物性饲料
		矿物质微量元素		一类是无机盐类，如硫酸亚铁、硫酸铜等；另一类是有机盐类产品，如柠檬酸铁；第三类是微量元素－氨基酸螯合物，如氨基酸铁

续表 3–2

类　型		原料名称	用量范围	营养特性
		维生素		这类添加剂有单一的制剂，如维生素 B1．维生素 E 粉，也有复合维生素制剂
	非营养性添加剂			主要包括生长促进剂、驱虫剂、抗球虫剂、防霉剂、着色剂、调味剂、黏结剂、抗氧化剂等。在使用时可根据需要进行选择。按产品说明使用，严格注意停药期，避免药物残留
	绿色饲料添加剂	微生态制剂		是将动物体内的有益微生物经过人工筛选培育，再经过现代生物工程工厂化生产，专门用于动物营养保健的活菌制剂。微生态制剂可以补充消化道有益菌群，改善消化道菌群平衡，预防和治疗菌群失调症；能刺激机体免疫系统，提高机体免疫力；协助机体消除毒素和代谢产物；改善机体代谢，补充营养成分，促进生长；改善饲养环境，使舍内的氨、硫化氢等臭味减少 70% 以上
		低聚糖		具有低热、稳定、安全、无毒等良好的理化特性，而且由于其分子结构的特殊性，饲喂后不能被人和单胃动物消化道的酶消化利用，也不会被病原菌利用，而直接进入肠道被乳酸菌、双歧杆菌等有益菌分解成单糖，再按糖酵解的途径被利用，促进有益菌增殖和消化道的微生态平衡，对大肠杆菌、沙门氏菌等病原菌产生抑制作用
		酶制剂		在生产中应用的有单一酶和复合酶。饲用酶制剂的基本功能是补充内源性消化酶的不足和消除降解日粮中的抗营养因子。饲料中添加酶制剂，可以提高日粮能量、蛋白质的利用率，降低日粮成本
		酸化剂		用以增加胃酸，激活消化酶，促进营养物质吸收，降低肠道 pH 值，抑制有害菌感染

续表 3–2

类　型		原料名称	用量范围	营养特性
		防腐剂		抑制饲料中霉菌及其毒素的污染
		大蒜素		诱食、杀菌、促生长、提高饲料转化率
		中草药添加剂		中草药是一种含有多种氨基酸、维生素、微量元素等营养物质的优质新型饲料添加剂。能增进机体新陈代谢，促进蛋白质和酶的合成，从而促进动物生长，提高繁殖力和生产性能，提高饲料转化率，增加经济效益

第三节　饲料原料质量检测技术

一、原料的感官检测

以五官来观察原料的颜色、形状、均匀度、气味、质感。

颜色　应具有该原料典型、明显而一致的颜色；

气味　具该原料清新、特有的气味，出现异味怀疑是否腐败或掺假，若有烟熏味可能表明热加工过度；

质地　通过触摸可以感知原料的质地，估测其含水分和颗粒性质以及是否会有沙、石等掺杂物；

滋味　品尝时有苦味或不悦味道时，可能原料加工过度或已经腐败，也可检出是否存在沙、石等杂物；

其他　不杂含灰尘、霉菌及其他物质，无鸟类、鼠类或昆虫污染的迹象。

二、原料的常规检测（适用国家标准）

（一）水分的测定（GB 6435—86）

一般对能量型原料（如玉米）、蛋白型原料（如豆粕）、禽畜类混合饲料、水产类混合饲料等进行水分的测定（图3–1）。

图3–1　快速水分测定仪

（二）原料粗蛋白质的检测（GB/T 6432—94）

见图3–2。

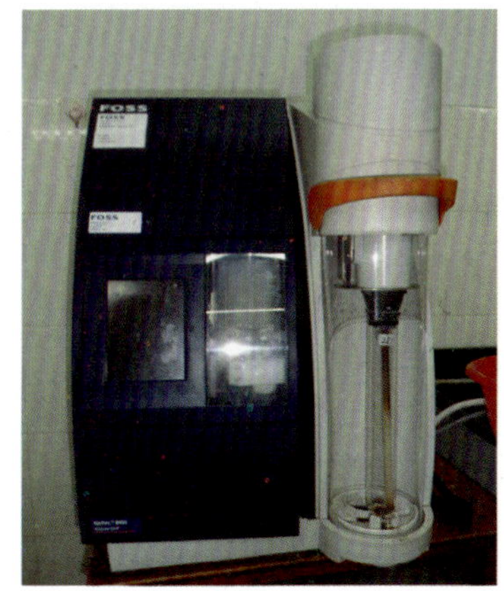

图3–2　粗蛋白质测定仪器

（三）原料中粗灰分的检测（GB/T 6438—92）

见图 3—3。

1

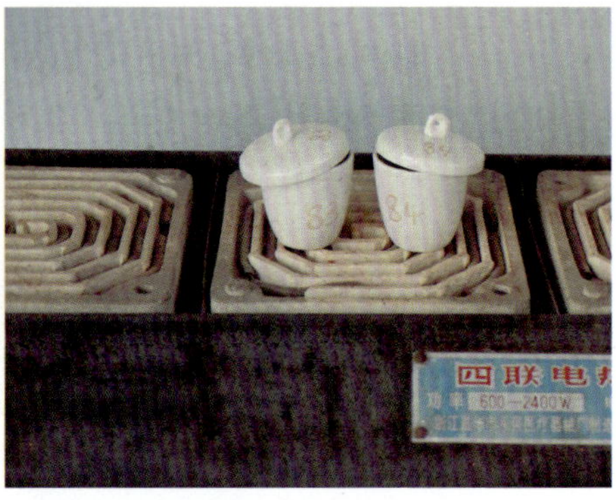

2

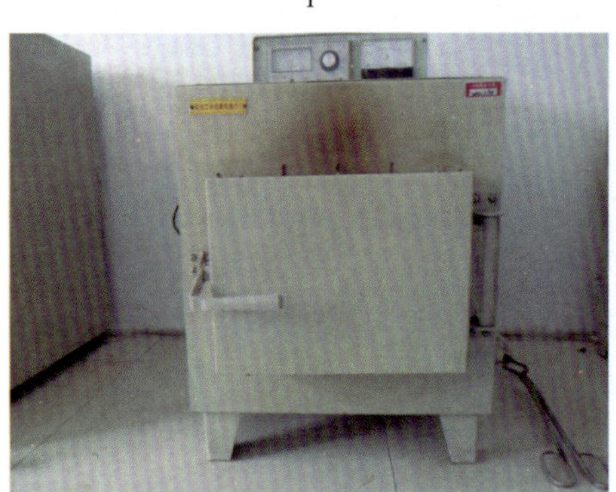

3

4

图 3—3 粗灰分测定

1. 坩埚的准备 2. 低温炭化 3. 高温灼烧 4. 称重

（四）原材料留样

饲料原料留样至少 2 个月，见图 3—4。分类码放，摆放整齐，标记清楚。

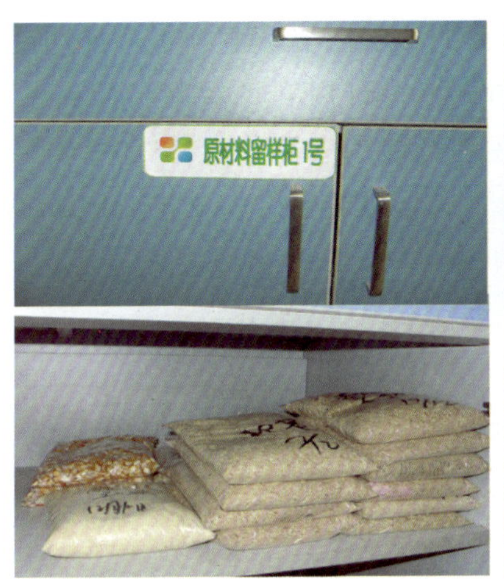

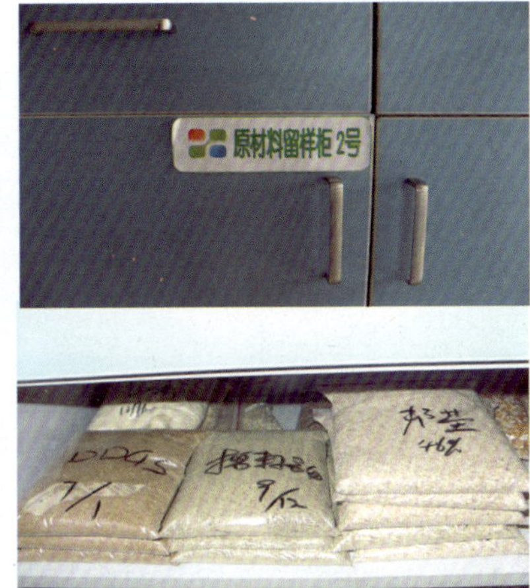

图 3–4　饲料原料留样

三、原料的质量标准及检测

（一）玉　米

1. 质量标准　玉米的质量要求中水分含量举足轻重，过高的水分不仅可导致玉米发霉变质，同时可导致全价配合饲料制成品变质。玉米水分含量一般不得超过 14%，东北、内蒙古、新疆地区不得超过 18%。其粗蛋白质、粗纤维、粗灰分等主要营养物质的限量要求见表 3–3。

表 3–3　饲料用玉米质量指标和分级标准

质量标准	一　级	二　级	三　级
粗蛋白质（%）	≥ 9.0	≥ 8.0	≥ 7.0
粗纤维（%）	< 1.5	< 2.0	< 2.5
粗灰分（%）	< 2.3	< 2.6	< 3.3

2. 检测指标及检测方法　主要检测指标包括色泽、气味、容量、纯粮率、霉变情况、水分、粗蛋白质等；检测方法包括感官检测法和简易检测法。

（1）感官检测法　主要是水分的感官检测。表 3–4 直观细致地描述了玉米的感官检测法，可作为实际判定的重要参考。

表 3–4　玉米水分含量感官检测法

玉米水分	看脐部	牙齿咬	手指掐	大把握	外　观
14% ~ 15%	明显凹下，有皱纹	震牙，有清脆音	费劲	有刺手感	–
16% ~ 17%	明显凹下	不震牙，有响声	稍费劲	–	–
18% ~ 20%	稍凹下	易碎，稍有声	不费劲	–	有光泽
21% ~ 22%	不凹下，平	极易碎	掐后自动合拢	–	较强光泽
23% ~ 24%	稍凸起	–	–	–	强光泽
25% ~ 30%	凸起明显	–	掐脐部出水	–	光泽特强
30% 以上	玉米粒呈圆柱形	–	压胚乳出水	–	–

（2）简易检测法　对纯粮率和黄曲霉毒素进行检测。

①纯粮率的快速检测法：检验纯粮率时，要求对试样的重量，不同杂质的重量以及各种不完善粒（虫蛀粒、霉变粒、生芽粒、病斑粒、未熟粒、破碎粒等）的重量有比较正确的估计。检验时，将扦取的样品（一般扦取 100 克左右）放在样盘中，用手摊平，视线集中在某一点，仔细鉴别，观察样品中杂质后，将视线移至全盘，将盘中玉米反复搅拌，仔细察看不完善粒的种类和数量多少,估算纯粮,最后确定其等级。此外,还可采用“把抓”法,把玉米放在手掌中观察，这种方法检验不完善粒较为合适，因面积小，较为集中，便于估测。对霉变粒较多的玉米，还要检测其黄曲霉毒素的含量。

②黄曲霉毒素快速检测法：利用酶联免疫试验原理，能定量测定黄曲霉毒素 B_1 含量，其灵敏度是国标的 160 倍，提高工作效率 30 ~ 40 倍，降低成本 30 倍。操作安全，无毒，其限量测定结果与国标法相吻合，每盒测 45 个样品。

（二）小　麦

1. 小麦质量标准　小麦的质量标准参照表3–5。

表3–5　饲料用小麦质量标准及分级标准

质量标准	一　级	二　级	三　级
粗蛋白质（%） 粗纤维（%） 粗灰分（%）	≥ 11.0 ＜ 2.0 ＜ 2.0	≥ 10.0 ＜ 3.0 ＜ 2.0	≥ 9.0 ＜ 3.5 ＜ 3.0

注：干物质为87.0%。

2. 检测指标及检测方法　主要检测指标包括色泽、容重、纯粮率、水分、粗蛋白质、粗纤维、粗灰分。

简易检测法：小麦赤霉病最大允许含量为4.0%，单粒赤霉病项目，按不完善粒归属。

（三）大　麦

1. 大麦质量标准　皮（裸）大麦的质量标准参照表3–6。

表3–6　饲料用皮（裸）大麦质量标准及分级标准

质量标准	皮大麦（NY/T118–1989）			裸大麦（NY/T210–92）		
	一　级	二　级	三　级	一　级	二　级	三　级
粗蛋白质（%） 粗纤维（%） 粗灰分（%）	≥ 11.0 ＜ 5.0 ＜ 3.0	≥ 10.0 ＜ 3.5 ＜ 3.0	≥ 9.0 ＜ 6.0 ＜ 3.0	≥ 13.0 ＜ 2.0 ＜ 2.0	≥ 11.0 ＜ 2.5 ＜ 2.5	≥ 9.0 ＜ 3.0 ＜ 3.5

2. 检测指标及检测方法　主要检测指标为色泽、气味、容重、纯粮率、霉变结块情况、水分、粗蛋白质、粗纤维、粗灰分等；检测方法包括感官检测法和简易检测法。

（1）感官检测法　裸大麦籽粒整齐，色泽新鲜一致，无发酵、霉变、结块及异味异臭。

（2）简易检测法　大麦纯粮率快速检验，参照玉米纯粮率的快速检验方法。

（四）高　粱

1．质量标准　高粱的质量标准参照表 3–7。

表 3–7　饲料用高粱质量标准及分级标准

质量标准	一　级	二　级	三　级
粗蛋白质（%）	≥ 9.0	≥ 7.0	≥ 6.0
粗纤维（%）	＜ 2.0	＜ 2.0	＜ 3.0
粗灰分（%）	＜ 2.0	＜ 2.0	＜ 3.0

2．检测指标和检测方法　重要检测指标包括色泽、容重、纯粮率、水分、粗蛋白质、粗纤维、粗灰分；检测水分包括感官检测法和简易检测法。

（1）感官检测法　一般高粱种皮颜色浅者其单宁含量也较低。

（2）单宁的简易测定　取一茶匙高粱粒置于广口瓶中，加氢氧化钾 5 克及 1/4 杯的次氯酸钠（NaClO，一种家庭用漂白粉），稍加热 7 分钟，干燥后即完成漂白。漂白后褐色高粱呈现出一层很厚的棕黑色种皮，而低单宁的黄高粱种皮则呈现白色。在一只烧杯中加入 15 克高粱样品、15 克氢氧化钾和 70 毫升 5% 次氯酸钠，水溶加热 10 分钟，并不时振荡使之成分漂白，而后吸干，可以观察到含有种皮的高粱籽粒变黑，而低单宁酸的高粱则呈白色。漂白试验最好同时检查已知的高单宁棕色高粱与无单宁高粱，从而使操作者得到一个定量结果。

（五）米　糠　饼

1．质量标准　米糠饼（粕）的质量标准参照表 3–8。

表 3–8　饲料用米糠饼质量标准及分级标准

质量标准	米糠饼（NY/T 123—1989）			米糠粕（NY/T 124—1989）		
	一　级	二　级	三　级	一　级	二　级	三　级
粗蛋白质（%）	≥ 14.0	≥ 13.0	≥ 12.0	≥ 15.0	≥ 14.0	≥ 13.0
粗纤维（%）	＜ 8.0	＜ 10.0	＜ 12.0	＜ 8.0	＜ 10.0	＜ 12.0
粗灰分（%）	＜ 9.0	＜ 10.0	＜ 12.0	＜ 9.0	＜ 10.0	＜ 12.0

2．检测指标及检测方法　主要检测指标为色泽、容重、纯粮率、水分、粗蛋白质、粗纤维、粗灰分；检测方法有感官检测法和简易检测法。

（1）感官检测法　米糠饼呈浅黄褐色的片状或圆饼状；米糠粕呈浅灰黄色粉末。二者均应色泽新鲜一致，无发酵、霉变、虫蛀、结块及异味异臭。

（2）简易检测法　米糠的优劣可采用感官识别结合显微镜检测进行综合判断分析。优质米糠为淡黄色粉末，色泽新鲜一致，无酸败、霉变、虫蛀、结块及异味异臭；不应含有稻壳粉以及其他物质。统糠的颜色较米糠深。在显微镜下，米糠为很小的片状物，含油，呈奶油色或浅黄色，并结成死块。脱脂米糠则不结块。稻壳粉为黄色至褐色不规则碎片，外表面带有针刺状茸毛和横纹线，高倍显微镜下为格纹状，有光泽。若视野中有大量稻壳粉或其他杂质，而米糠很少，则被检测物为统糠或掺假米糠。

（六）大豆饼粕

1．质量标准　大豆饼（粕）的质量标准参照表 3–9。

表 3–9　饲料用大豆饼（粕）质量标准及分级标准

质量标准	大豆饼（NY/T 130—1989）			大豆粕（NY/T 131—92）		
	一　级	二　级	三　级	一　级	二　级	三　级
粗蛋白质（%）	≥ 41.0	≥ 39.0	≥ 37.0	≥ 44.0	≥ 42.0	≥ 40.0
粗脂肪（%）	＜ 8.0	＜ 8.0	＜ 8.0	—	—	—
粗纤维（%）	＜ 5.0	＜ 6.0	＜ 7.0	＜ 5.0	＜ 6.0	＜ 7.0
粗灰分（%）	＜ 6.0	＜ 7.0	＜ 8.0	＜ 6.0	＜ 7.0	＜ 8.0

2．检测指标和检测方法　主要检测指标为粗蛋白质、粗脂肪、粗纤维、粗灰分等；检测方法包括感官检测法、简易检测法等。

（1）感官检测法　大豆饼呈黄褐色饼状或小片状。色泽新鲜一致，大豆粕呈浅褐色或浅黄色的不规则的碎片状。二者均应无发酵、霉变、虫蛀、结块及异味异臭。

（2）简易检测法　大豆中含有有害物质或抑制生长因子，如能够降低蛋氨酸和胱氨酸有效性的胰蛋白酶抑制因子、血细胞凝聚素、皂角苷、尿素酶等，加热能除去这些抗营养因子，但加热必须适当。下面介绍几种大豆饼（粕）生熟的简易判定方法。

简易判定法：先取粉碎的大豆饼、粕大约 50 克，放入带密封盖的瓶内，随即放入大约 5 克尿素，用玻璃棒将两者混匀，然后加入大约 25 毫升水，再次搅匀，然后将瓶盖拧紧。在 20℃条件下放置 20 分钟打开，在瓶口若闻到浓重氨味，则证明大豆饼粕在加工过程中未经加热处理，是生大豆饼粕。如果密封的瓶子放置时间太长，不论大豆饼粕是否经过加热处理，都会在开盖时闻到氨味。

尿素酶活性判定法一：根据 Gold Kist 介绍的方法进行改造。其溶液配制方法是：0.1 摩 / 升硫酸：先吸取 5.6 毫升浓硫酸，置于含少量蒸馏水的 1 000 毫升容量瓶中，然后定容。0.2 摩 / 升氢氧化钠（NaOH，又称火碱）：取 8 克 NaOH 溶于 1 000 毫升水中。称取 1.2 克苯酚红，于 30 毫升 0.2 摩 / 升 NaOH 溶液中，用蒸馏水稀释至 2 升。再加 70 毫升 0.1 摩 / 升硫酸，稀释至 3 升。其实验步骤是，将待测样粉碎后过 40 目筛，取待测样适量，于表面皿上铺成薄薄一层，用滴管吸取溶液适量滴在试样上，保证试样润湿均匀；其结果判断方法是，5 分钟后观察结果。如果没有红点，再过 25 分钟后若仍无红点，则可判断为过熟；如果有少量红点，则可用；若含有 25% 红点，可用；若含有 50% 红点，则有尿素酶活性，慎用；若含有 75% ～ 100% 红点，可判断为过生。

尿素酶活性测定方法二（GB 8622—88）：称取约 0.2 克已粉碎的试样，准确至 0.1 毫升，转入试管中（如活性很高只称 0.05 克试样），移入 10 毫升尿素缓冲液，立即盖好试管并剧烈摇动，马上置于 30℃ ±0.5℃恒温水浴中，准确计时保持 30 分钟，随即移入 10 毫升盐酸溶液中，迅速冷却至 20℃。将试管内容物全部转入烧杯，用 5 毫升水冲洗试管 2 次，立即用氢氧化钠标准溶液滴定至 pH 值 4.70。另取试管做空白试验，移入 10 毫升尿素缓冲液 10 毫升盐酸溶液。称取与上述试样量相当的试样，液体数量准确至 0.1 毫克，迅速加入此试管中。立即盖好试管并剧烈摇动。将试管置于 30℃ ±0.5℃恒温水浴中，同样准确保持 30 分钟，冷却至 20℃，将试管内容物全部转入烧杯，用 5 毫升水冲洗试管 2 次，并用氢氧化钠标准溶液滴定至 pH 值 4.70。

（七）花生饼粕

1. 质量标准　花生饼（粕）的质量标准参照表 3–10。

表 3–10　饲料用花生饼（粕）质量标准及分级标准

质量标准	花生饼（NY/T 132—1989）			花生粕（NY/T 133—1989）		
	一级	二级	三级	一级	二级	三级
粗蛋白质（%） 粗纤维（%） 粗灰分（%）	≥ 48.0 ＜ 7.0 ＜ 6.0	≥ 40.0 ＜ 9.0 ＜ 7.0	≥ 36.0 ＜ 11.0 ＜ 8.0	≥ 51.0 ＜ 7.0 ＜ 6.0	≥ 42.0 ＜ 9.0 ＜ 7.0	≥ 37.0 ＜ 11.0 ＜ 8.0

2. 检测指标及检测方法　主要检测指标有粗蛋白质、粗纤维、粗灰分等；检测方法包括感官检测法和简易检测法。

(1) 感官检测法　花生饼呈小瓦片状、色泽新鲜一致，花生粕呈碎屑状，色泽为黄褐色或浅褐色。二者均应无发酵、霉变、虫蛀、结块及异味异臭。花生饼（粕）中也含有抗胰蛋白酶因子（一种能影响蛋白质利用的因子），在加工制作花生饼（粕）时，如用 120℃的温度加热，可破坏其中的抗营养因子。但温度太高时，氨基酸遭受破坏。花生粕不能焦煳，否则会影响其赖氨酸等必需氨基酸的利用率，需要感官进行鉴别。

(2) 简易检测法　在生产过程中，花生壳的混入量对花生粕的营养价值影响较大，可依据花生壳的多少来鉴别其品质的好坏。

（八）棉 籽 饼

1．质量标准　棉籽饼的质量标准参照表 3–11。

表 3–11　饲料用棉籽饼质量标准及分级标准

质量标准	一　级	二　级	三　级
粗蛋白质（%）	≥ 40.0	≥ 36.0	≥ 32.0
粗纤维（%）	< 10.0	< 12.0	< 14.0
粗灰分（%）	< 6.0	< 7.0	< 8.0

2．检测指标和检测方法　主要检测指标为粗蛋白质、粗纤维、粗灰分等；检测方法有感官检测法和简易检测法两种。

（1）感官检测法　饲料用棉籽饼呈小瓦片状或饼状，黄褐色，色泽新鲜一致，无发酵、霉变、虫蛀、结块及异味异臭。棉酚是棉籽饼（粕）中的主要抗营养因子，也是棉籽饼（粕）呈现棕色的主要原因。棉酚有游离型与结合型两种，结合型棉酚不会被动物吸收，随粪便直接排出体外；游离棉酚与氨基酸结合，对动物有害。加工方法对棉籽饼（粕）品质影响很大，经过加热处理的棉籽饼（粕）游离棉酚含量低，蛋白质较差；经溶剂浸提的棉籽饼（粕）蛋白质含量较佳，但游离棉酚含量较高。总体而言，预压萃取是最好的加工方法。饲料中添加亚铁盐（如硫酸亚铁）能提高动物对棉酚的耐受力。目前已经培育出转基因低棉酚棉花，其棉酚含量可大幅度降低。

（2）简易检测法　游离棉酚简易快速目视比色测定法，用间苯三酚与棉酚作用生成紫红色化合物，化合物颜色的深浅与棉酚的浓度在一定范围内呈线性关系。

所需试剂　70% 丙酮，分析纯 500 毫升；95% 乙醇，分析纯 500 毫升；浓盐酸，分析纯 100 毫升；间苯三酚，分析纯 1 克。

所需仪器　标准棉酚比色管一套；比色管 10 只；普通试管 10 只；5 毫升深度吸管 2 只；试管架 1 个；多用振荡器 1 台；

400 毫升烧杯 1 个；感量为 0.01 克的天平 1 台；漏斗 10 个（直径 5 厘米）；滤纸若干；100 毫升量筒 1 个；100 毫升磨口三角烧瓶 2 个；温度计 1 支；恒温水浴或电炉。

试剂配制　70% 丙酮，量取 70 毫升丙酮，加 30 毫升蒸馏水混匀；显色剂配制，用 100 毫升量筒量取 16.6 毫升浓盐酸（12 摩尔／升）加 95% 乙醇至 100 毫升刻度，即用 95% 乙醇将浓盐酸稀释，倒入 100 毫升三角烧瓶中，摇匀，再加入 1 克间苯三酚，溶解后混匀置棕色瓶中，放入保存备用（颜色变黑则不能使用）。

游离棉酚提取　准确称取样品 0.01 克，加入 5 毫升 70% 丙酮于试管振荡器上，振荡 5 ~ 10 分钟提取，过滤后离心，取上清液于试管中备用。取 2 毫升样品提取液于比色管中，加 2 毫升显色剂，摇匀后放入 50℃ ~ 55℃水浴中，显色 5 分钟。量取 2 毫升 95% 乙醇于另一比色管中，加 2 毫升提取液，摇匀，同样放入 50℃水浴中，保持 5 分钟，作为空白对照管。将样品管和对照管插入比色架中，与标准比色管比较，选取颜色深浅相同的标准管。此管所标出的数字，即为样品中游离棉酚的含量。

结果分析

$$\text{样品中游离棉酚的含量（\%）} = \frac{\text{标准管含量(毫克／毫升)} \times \text{提取液体积(毫升)}}{\text{样品质量(毫克)}} \times 100$$

操作注意事项　显色剂尽可能现用现配，在冰箱中可保存 1 周，颜色变黄时，则不能使用；提取时间在 10 分钟以上，时间过短，提取不安全；显色时水浴温度 50℃ ~ 55℃，不可过高，时间也不能过长，显色后立即比色。

（九）菜　籽　饼

1．质量标准　菜籽饼（粕）的质量标准参照表 3–12。

表 3–12　饲料用菜籽饼（粕）质量标准及分级标准

质量标准	菜籽饼（NY/T 125–1989）			菜籽粕（NY/T 126–1989）		
	一　级	二　级	三　级	一　级	二　级	三　级
粗蛋白质（%）	≥ 37.0	≥ 34.0	≥ 30.0	≥ 40.0	≥ 37.0	≥ 33.0
粗脂肪（%）	< 14.0	< 14.0	< 14.0	–	–	–
粗纤维（%）	< 12.0	< 12.0	< 12.0	< 14.0	< 14.0	< 14.0
粗灰分（%）	< 10.0	< 10.0	< 10.0	< 8.0	< 8.0	< 8.0

2. 检测指标及检测方法　主要检测指标包括色泽、容重、水分、粗蛋白质、粗纤维、粗灰分、异硫氰酸酯（ITC）、噁唑烷硫酮（OZT）等；检测方法有感官检测法和简易检测法两种。

（1）感官检测法　菜籽饼褐色，呈小瓦片状、片状或饼状，具有菜籽饼油香味，色泽新鲜一致，菜籽粕呈碎片或粗粉状，黄色或浅褐色。二者均应无发酵、霉变、虫蛀、结块及异味异臭。若被测菜籽饼中的粗灰分明显高于纯菜籽粕，则菜籽粕中除掺有沙、泥土和石粉外，可能还掺有尿素或其他非蛋白氮类物质。

（2）简易检测法　菜籽饼（粕）中异硫氰酸丙烯酯的简易检测法。硝酸显色反应，取菜籽饼（粕）20 克加等量蒸馏水混合搅拌，静置过夜，取浸出液 5 升，加浓硝酸 3 ～ 4 滴，如果迅速呈明显的红色，即为阳性。氨水显色反应，取菜籽饼（粕）20 克加等量蒸馏水，混合搅拌，静置过夜，取浸出液 5 升。加浓氨水 3 ～ 4 滴，如果迅速呈明显的黄色，即为阳性。

（十）向日葵仁粕

1. 质量标准　向日葵仁粕的质量标准参照表 3–13。

表 3–13　饲料用向日葵仁粕质量标准及分级标准

质量标准	一　级	二　级	三　级
粗蛋白质（%）	≥ 38.0	≥ 32.0	≥ 24.0
粗纤维（%）	< 16.0	< 22.0	< 28.0
粗灰分（%）	< 10.0	< 10.0	< 10.0

2. 检测指标及检测方法　由于葵花仁饼（粕）的营养水平受加工工艺等影响变异较大，所以尚无明确的检测方法。

（十一）芝麻粕

1. 质量标准　芝麻粕的质量标准参照表 3–14。

表 3–14　芝麻粕质量参照标准

质量指标	含　量
水分（%）	6.0 ~ 11.0
粗蛋白质（%）	42.0 ~ 46.0
粗脂肪（%）	4.0 ~ 6.5
粗纤维（%）	5.5 ~ 7.5
粗灰分（%）	10.5 ~ 13.0
钙（%）	1.90 ~ 2.25
磷（%）	1.25 ~ 1.75

2. 检测指标及检测方法　主要检测指标包括粗蛋白质、粗脂肪、粗纤维、粗灰分、钙、磷等，检测方法有感官检测法和简易检测法两种。

依据芝麻皮的多少可简易检测鉴别其品质的好坏。

（十二）鱼　粉

1. 质量标准　鱼粉的质量标准参照表 3–15。

表 3–15　鱼粉质量标准参照表（%）

来　源		粗蛋白质	粗脂肪	水　分	盐	沙	色　泽	备　注
国产	一级	≥ 55	< 10	< 12	< 4	< 4	黄棕色	要求98%颗粒通过2.8毫米筛孔
	二级	≥ 50	< 12	< 12	< 4	< 4	黄棕色	
	三级	≥ 45	< 14	< 12	< 4	< 5	黄棕色	
进口	智利鱼粉	67	12	10	3	2	–	要求具有鱼粉正常气味，无异臭及焦煳味
	秘鲁鱼粉	65	10	10	6	2	–	
	秘鲁鱼粉（加抗氧化剂）	65	13	10	6	2	–	

2. 检测指标及检测方法　主要检测指标包括水分、粗蛋白质、粗脂肪、盐分、粗灰分、沙等；检测方法有感官检测法和简易检

测法。

目前市场上劣质鱼粉较多，有的使用变质鱼加工而成，有的是在鱼粉中掺入其他原料，冒充鱼粉。可通过以下方法加以识别。

闻 优质鱼粉气味纯正、无异味；变质鱼粉常有怪味和臭味。

看 优质鱼粉较细，手捏松软，无杂质；劣质鱼粉较粗，油性小或无油性。

尝 含盐量是判断鱼粉质量高低的一个标准。优质鱼粉含盐量低，口尝几乎感觉不到咸味；劣质鱼粉咸味较重。

烧 用于鱼粉中掺尿素与否的检验。因尿素中含的氮（46%左右）属氨态氮，掺入尿素可以提高鱼粉粗蛋白质含量，但是猪、鸡等单胃动物无法利用，可用灼烧法鉴别。具体做法为：取鱼粉20克，放在一块干净的铁片上，用电炉或煤炉加热，铁片温度约70℃，如果鱼粉发出一种轻微的刺鼻氨味，即可确定为掺假鱼粉。

洗 用于鉴别鱼粉中的动、植物蛋白和沙子。在玻璃杯中或者罐头瓶中放入40克左右鱼粉，加入大半杯水，用一根筷子或小木棍快速沿一个方向搅拌，停止搅拌后迅速透过太阳或灯光看杯底是否有沙子。再用淘米法将鱼粉淘洗几次，至鱼粉被全部淘出后，用吸管洗出杯底的沉积物，放在平面玻璃上细心观察。如果内有微小的酱红色小片，证明掺有植物蛋白（棉籽饼或花生饼）；若有微小的肉红色颗粒或丝状物，证明掺有动物蛋白（肉粉或羽毛粉）；此法同时可以测定其沙土含量。

（十三）肉 骨 粉

1. 质量指标　肉骨粉的质量标准参照表3–16。

表 3–16　肉骨粉的感官及理化指标（GB 8936–88）

项目		一级	二级	三级
感官指标	色泽 状态 气味	褐色或灰褐色 粉状 具固有气味	灰褐色或浅棕色 粉状 无异味	灰色或浅棕色 粉状 无异味
理化指标	粗蛋白质（%） 水分（%） 粗脂肪（%） 钙（%） 磷（%）	≥ 26 ≤ 9 ≤ 8 ≥ 14 ≥ 8	≥ 23 ≤ 10 ≤ 10 ≥ 12 ≥ 5	≥ 20 ≤ 12 ≤ 12 ≥ 10 ≥ 3

2. 检测指标及检测方法　主要检测指标包括水分、粗蛋白质、粗脂肪、钙、磷；检测方法有感官检测法和简易检测法两种。

（1）感官检测法

①形状：粉末状，含粗骨碎粒和肉质。

②颜色：黄色至淡褐色和深褐色，含脂肪高者色深，过热处理时颜色也会加深。一般牛、羊骨粉颜色较深，猪肉骨粉颜色较浅。

③味道：有新鲜的肉味，并具有烤肉香味及牛油或猪油味道。贮存不良或变质时，会出现酸败时的哈喇味。

④构造：肉骨粉可能包括毛发、蹄、角、骨、皮、血粉及胃内容物等，鉴别肉骨粉可以从骨、蹄、角及毛来区别。肌肉纤维有条纹，呈白色至黄色，有较暗及较浅面的区分；骨头，兽骨颜色较白、较硬，组织较致密，边缘较圆、平整，内有点状（洞）存在，点状为输送养分处。禽骨为浅黄白色椭圆长条形，较松软、易碎，骨头上腔隙较大。

（2）简易检测法　体视镜下观察，肉骨粉呈黄色至淡褐色或深褐色固体颗粒。具油腻感，组织形态变化很大，肉质表面粗糙并粘有大量细粉，有的可看到白色或黄色条纹和肌肉纤维纹理。骨质为较硬的白色、灰色或浅棕色的块状颗粒，不透明或半透明，有的带有斑点，边缘浑圆。经常混有血粉特征，也有的混入动物毛发。毛发的特征为长而粗、弯曲，颜色各异。羊毛通常是无色或半透明白色的弯曲线条。

（十四）羽 毛 粉

1. 质量标准　水解羽毛粉的质量标准参照表 3–17。

表 3–17　水解羽毛粉参考营养指标

营养成分	平均值	范　围
水分（%）	8.0	5.0 ~ 10.0
粗蛋白质（%）	84.0	79.0 ~ 88.0
粗脂肪（%）	2.5	2.0 ~ 4.0
粗纤维（%）	1.5	1.0 ~ 2.0
粗灰分（%）	2.8	2.0 ~ 3.8
钙（%）	0.40	–
磷（%）	0.70	–

2. 检测指标及检测方法　主要检测指标包括水分、粗蛋白质、粗脂肪、粗纤维、粗灰分、钙、磷等；检测方法有感官检测法和简易检测法两种。

（1）感官检测法　形状为粉末状；颜色有两种，浅色生羽毛所制成产品为淡黄色至褐色，深色（杂色）生羽毛所制成产品为深褐色至黑色。加热过度会加深产品颜色，有时宰杀作业时混入血液则呈暗色；味道具有新鲜羽毛臭味，但不应有焦味、腐败味、霉味及其他刺鼻气味。

（2）简易检测法　完全水解的羽毛粉能消除羽毛的特征，体视镜下观察为半透明颗粒状，像松香颗粒，颜色以黄色为主，夹有灰色、褐色或黑色颗粒。质地硬度如松香，光照时有些反光。未完全水解的羽毛粉有生羽毛的残迹，体视镜下观察，可见羽干像半透明的塑料管，长短不一，呈黄色至褐色，厚且硬，表面光滑。外廓羽毛的羽轴大多有锯齿边，但加工过热时这一特点消失。羽支呈长短不一的小碎片，蓬松，半透明，光泽暗淡，呈白色至黄色，加工过热变为黑色。羽小支呈粉状，有光泽，呈白色至奶油色，并结团。羽根呈圆扁管状，呈黄色至褐色，粗糙，坚硬并有光滑的边。

（十五）血 粉

1. 质量标准 血粉的质量标准参照表3–18。

表3–18 饲用血粉理化指标（SB/T 10212–1994）

级 别	粗蛋白质（%）	粗纤维（%）	水分（%）	粗灰分（%）
一 级	≥ 80	＜1	≤ 10	≤ 4
二 级	≥ 70	＜1	≤ 10	≤ 6

2. 检测指标及检测方法 主要检测指标包括水分、粗蛋白质、粗灰分、粗纤维等；检测方法有感官检测法和简易检测法两种。

（1）感官检测法 血粉的感官指标见表3–19。

表3–19 饲用血粉感官指标（SB/T 10212–1994）

项 目	指 标
性 状	干燥粉状物质
气 味	具有本制品固有气味，无腐败变质气味
色 泽	暗红色或褐色
粉碎粒度	能通过2～3毫米孔筛
杂 质	不含沙石等杂质

（2）简易检测法 不同血粉的物理性状见表3–20。

表3–20 不同加工方法的血粉的物理性状

指 标	蒸煮干燥	瞬间干燥	喷雾干燥
色 泽	红褐色至黑色，随干燥温度的升高而加深		
味 道	应新鲜，不应有腐败味、发霉及异臭。若有辛辣味，可能血中混有其他物质		
水溶性	略溶于水		
质 地	小圆粒或细粉末状，不应有过热颗粒及粉末状、潮解和结块现象	粉末状，不应有潮解和结块现象	粉末状，不应有潮解和结块现象
容 重	480～600克/升	480～600克/升	480～600克/升

（十六）蚕 蛹 粉

1．质量标准　蚕蛹粉的质量标准参照表 3–21。

表 3–21　饲料用蚕蛹粉的质量指标及分级标准（NY/T 218–92）

质量标准	一　级	二　级	三　级
粗蛋白质（%）	≥ 50.0	≥ 45.0	≥ 40.0
粗纤维（%）	＜ 4.0	＜ 5.0	＜ 6.0
粗灰分（%）	＜ 4.0	＜ 5.0	＜ 6.0

2．检测指标及检测方法　主要检测指标包括水分、粗蛋白质、粗纤维、粗灰分等，检测方法为感官检测法。

感官检测法：优质蚕蛹粉呈褐色蛹粒状及少量碎片，色泽新鲜一致，无发酵、霉变、结块及异味异臭。

第四节　蛋鸡饲料配制技术

一、日 粮

蛋鸡在不同年龄、不同生理状态及不同生产性能下对营养物质的需求不同，单一的饲料很难满足这种需求，必须根据适当的饲养标准，采用多种饲料合理搭配，组成鸡的日粮。所谓日粮是指鸡 1 昼夜（24 小时）采食各种饲料的总和。配合饲料是根据动物的营养需要及饲料资源状况，将多种饲料原料按照一定比例均匀混合，按规定的工艺流程加工而成的具有一定形状的饲料产品。按营养成分可以分为：全价配合饲料、浓缩料、添加剂预混料等，按物理形状可以分为：粉状饲料、颗粒饲料、膨化饲料等。此外，根据蛋鸡的生长阶段可以分为：雏鸡料、育成鸡料和产蛋鸡料。

二、蛋鸡饲料的加工、贮存

（一）饲料加工

饲料加工工艺流程包括：原料的接收、原料贮存、饲料粉碎、饲料的配料计量、混合、制粒和膨化、打包、运输和贮存。

工艺流程见图 3–5 和图 3–6。

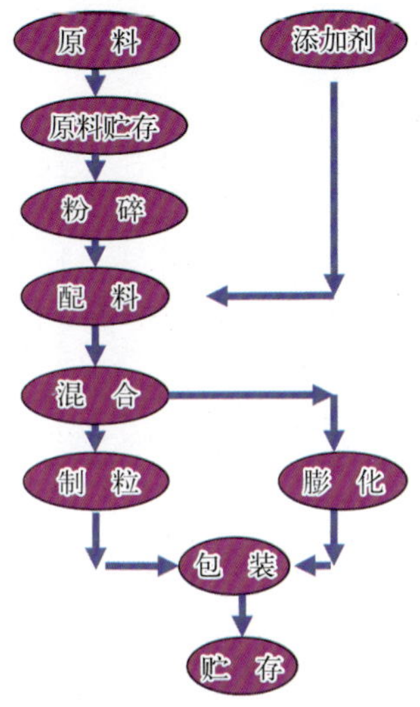

图 3–5　饲料加工工艺流程

饲料原料分别进入主料口和辅料口

原料提升机、粉碎机

混合机

碎粒机

出料口、包装机

图 3–6　饲料加工机械流程

（二）饲料的贮存及注意事项

饲料在贮存过程中应防止活性失效、发霉变质和交叉污染，避免品种弄错，应控制贮存温度、湿度和通风，各品种要分开放置，合理堆放，标识清楚，容易识别，同时应当留有通道，保证先进先出，防止产品在成品库贮放时间过长（图 3–7，图 3–8）。

图 3–7　成品饲料分区设置，码放整齐

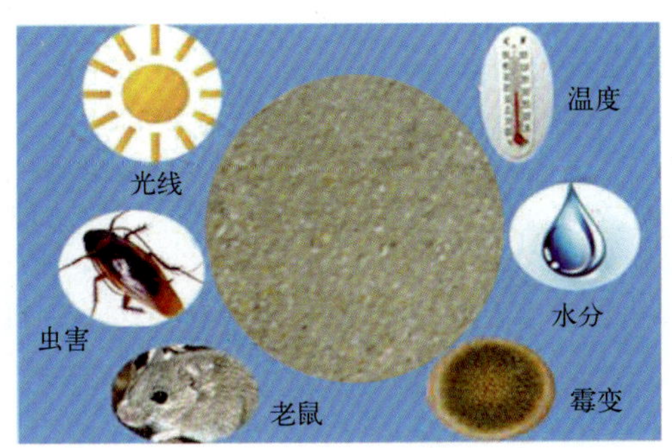

图 3–8　饲料贮存条件

光线　饲料或养分常因光线而发生变异或因光线而加速其变化，光线对饲料变化具有催化作用。光线会引起脂肪氧化，破坏脂溶性维生素，蛋白质发生变性。

昆虫　昆虫除了咬食、污染饲料外，还会引起温度、湿度的提高。昆虫对温度的变化非常敏感，当温度在 15.5℃或以下时，繁殖很慢，甚至停止；当温度高达 41℃或以上时，也不易存在，最适宜昆虫繁殖的温度为 29℃左右，昆虫的生活周期为 30 天左右，繁殖得非常快；一般发现虫害时，可用熏蒸法消毒灭虫。

湿度　霉菌随湿度的提高迅速繁殖，使仓库中的温度及湿度均提高，随之霉味及酸味相继出现，因此空气相对湿度以控制在 65% 以下为宜。

氧气　大气中的氧气能使脂肪氧化，影响蛋白质生物价值及破坏某些维生素，不仅影响养分，还降低适口性。

微生物　霉菌、细菌、酵母菌均可能因环境变化而迅速繁殖，降低原料的利用性，还可能产生毒素而引起中毒。

原料本身的性状　如细度、pH 值、完整性、均匀度、含水量、成熟度等，通常原料水分在 13% 以下可抑制大部分微生物的生长，10% 以下便可减少昆虫的产生。

（三）产品质量监督工作

饲料产品质量监督流程及内容见图 3–9。

原材料接货检查

配方输入检查

原材料投料检查

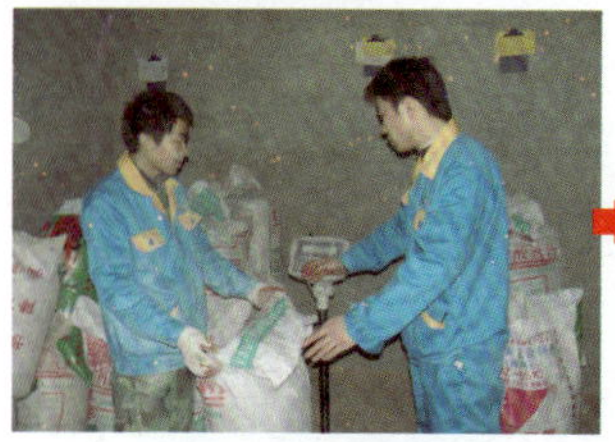

核心料投料检查

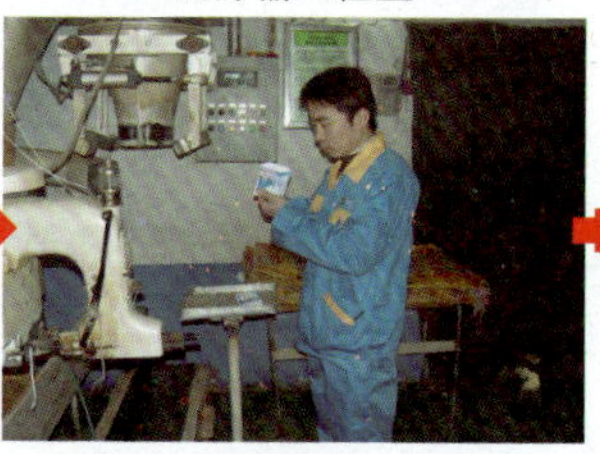

标签检查

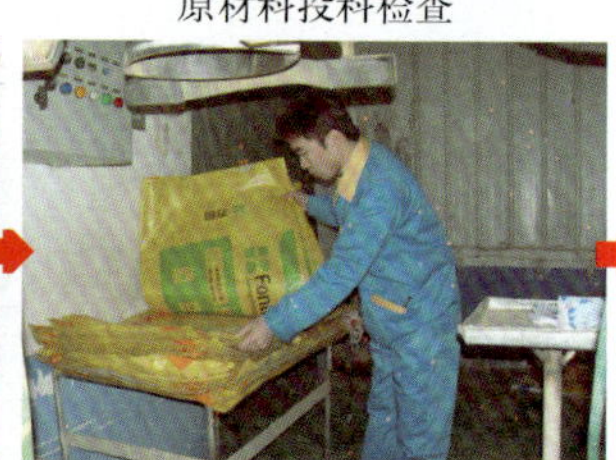

包装袋检查

成品感官检查

成品包装检查

成品发货检查

图 3–9　饲料产品质量监督流程

第五节　蛋鸡饲料典型配方

根据蛋壳颜色可将蛋鸡分为白壳、褐壳、粉壳、绿壳等，按生长和生产阶段可分为育雏期、育成期、产蛋期。产蛋期又可细分为产蛋前期、产蛋中期、产蛋后期、淘汰蛋鸡肥育期。按其生产目的，还可分为种鸡和商品蛋鸡。品种、生理阶段、生产目的、地区、季节、饲养管理、饲养环境等，均影响蛋鸡营养需要。

生产实践中，为方便起见将商品蛋鸡的饲养阶段分为蛋雏鸡、育成蛋鸡、开产蛋鸡、产蛋高峰鸡、产蛋后期鸡、淘汰蛋鸡肥育期，蛋种鸡等。市售配方产品包括复合多维、复合微量元素、复合预混料、浓缩饲料、配合饲料等。

一、蛋鸡营养需要特点

（一）蛋雏鸡

蛋鸡 0 ～ 6 周龄为育雏期。该阶段为组织快速生长阶段，采食的营养主要用于肌肉、骨骼的快速生长，但消化系统发育不健全，采食量较小，同时肌胃研磨饲料能力差，消化道酶系发育不全，消化力低。因此，其在营养上要求比较高，需要高能量、高蛋白质、低纤维含量的优质饲料，并要补充较高水平的矿物质和维生素。设计配方时可使用玉米、鱼粉、豆粕优质原料。

（二）育成蛋鸡

蛋鸡 7 ～ 18 周龄为育成期。该阶段鸡生长发育旺盛，体重增长速度比较稳定，消化器官逐渐发育成熟，骨骼生长速度超过肌肉生长速度，因此对能量、蛋白质等营养成分的需求相对较低，对纤维素水平的限制可以适量放宽，可以使用一些粗纤维较高的原料，如糠麸、草粉等，以降低饲料成本。育成后期为限制体重增长，还可使用麸皮等稀释饲料营养浓度。18 周龄至开产可以使用过渡性高钙饲料，以加快骨钙的储备。

（三）产蛋鸡

蛋鸡 19 周龄至淘汰阶段为产蛋期。这一时期又按产蛋率高低分为产蛋前期、中期和后期。

1. *产蛋前期*　为开产至 40 周龄或产蛋率由 5% 达 80% 以上的高峰期。这一时期母鸡繁殖功能旺盛，代谢强度大，摄入的营养物质除用于增重外，主要用于产蛋，因此营养负担较重，对粗蛋白质的需要量随产蛋率的提高而增加。此外，蛋壳的形成需要大量的钙，因此对钙的需要量增加，蛋氨酸、维生素、微量元素等营养指标应适量提高，确保营养成分供应充足，力求延长产蛋高峰期，充分发挥其生产性能。含钙原料应选用颗粒较大的贝壳粉或粗石粉，便于挑食。尽可能少用玉米蛋白粉等过细饲料原料，以免影响采食。

2. 产蛋中期　为 40 ~ 60 周龄或产蛋率 70% ~ 80% 的高峰期过后，这一时期蛋鸡体重几乎没有增加，产蛋率开始下降，营养需要较高峰期略有降低。但由于蛋重增加，饲粮中的粗蛋白质水平不能降得太快，应采取试探性降低蛋白质水平较为稳妥。

3. 产蛋后期　为 60 周龄以后或产蛋率降至 70% 以下，这一时期的产蛋率持续下降。由于鸡龄增加，对饲料中营养物质的消化和吸收能力下降，蛋壳质量变差，饲粮中应适当增加矿物质的用量，以提高钙的水平。产蛋后期随产蛋量下降，母鸡对能量的需要量相应减少，在降低粗蛋白质水平的同时不可提高能量水平，以免使鸡变肥而影响生产性能。

二、预混合饲料配方举例

（一）维生素预混料配方

产蛋鸡用复合维生素的配方见表 3–22。

表 3–22　产蛋鸡用复合维生素配方（%）

维生素配方	配　比	维生素配方	配　比	维生素配方	配　比
维生素 A	13.00	维生素 B_2	2.50	叶酸，用 9.6% 稀释剂	3.20
维生素 D_3	2.50	维生素 B_6	4.18	生物素	0.80
维生素 E	35.00	维生素 B_{12}	0.70	蛋白粉	24.00
维生素 K,MSB	1.00	泛酸钙	2.55	合　计	100
维生素 B_1	0.52	烟　酸	10.05		

注：配合饲料中用量 200 克 / 吨。

（二）微量元素预混料配方

产蛋鸡用无机微量元素配方见表 3-23。

表 3-23 产蛋鸡用无机微量元素的配方（%）

项目	元素含量克 /100 克	配方 1	配方 2
$MnSO_4.H_2O$	31.8	8.827	9.434
$ZnSO_4.1H_2O$	34.5	10.4145	11.594
$CuSO_4.5H_2O$	25	1.0125	1.6
$FeSO_4.H_2O$	30	5.856	10
$Na_2.SeO_3$	1	1.4425	1.5
KI	1	1.75	1.75
石粉		15.6975	15.6975
沸石		55	48.4245
合计		100	100

（三）复合预混料

蛋鸡用复合预混料配方见表 3-24，表 3-25，表 3-26，表 3-27，供参考。

表 3-24 0.5% 蛋鸡用复合预混料（%）

项 目	蛋鸡育雏	蛋鸡育成	普通产蛋期	产蛋高峰
维生素 A	0.398	0.299	0.398	0.398
维生素 D_3	0.094	0.070	0.094	0.094
维生素 E	0.398	0.299	0.398	0.398
维生素 K	0.047	0.035	0.047	0.047
维生素 B_2	0.094	0.070	0.094	0.094
维生素 B_{12}	0.023	0.018	0.023	0.023
泛酸钙	0.211	0.158	0.211	0.211
烟 酸	0.585	0.439	0.585	0.585
乙氧基喹啉	0.562	0.422	0.562	0.562
蛋白粉	27.611	20.708	27.611	27.611
一水硫酸锰	4.917	4.917	4.917	4.917
一水硫酸锌	5.417	5.417	5.417	5.417
五水硫酸铜	1.208	1.208	1.208	1.208
一水硫酸亚铁	5.875	5.875	5.875	5.875
亚硒酸钠，1%	0.625	0.625	0.625	0.625
碘化钾，1%	1.792	1.792	1.792	1.792
沸石粉	20.167	20.167	20.167	20.167
植酸酶	4.0	4.0	4.0	4.0
盐霉素，12%	1.6			

续表 3–24

项　目	蛋鸡育雏	蛋鸡育成	普通产蛋期	产蛋高峰
球佳，0.5%		1.500		
杆菌肽锌，15%		2.500		
黄霉素，4%	0.75			
益生菌		1.0	1.0	1.0
蛋氨酸	13.482	13.482	19.977	23.977
沸石粉	10.144	15.000	4.250	0.250
合　计	100.0	100.0	100.0	100.0

表 3–25　1% 蛋鸡用低污染预混料（%）

饲料原料	蛋雏鸡	育成鸡	产蛋鸡	种鸡
多　维	2	1.5	2	2
五水硫酸铜	0.43	0.43	0.43	0.43
一水硫酸亚铁	1.82	1.82	1.82	1.82
一水硫酸锰	2.46	2.46	2.46	2.46
一水硫酸锌	1.65	1.65	1.65	1.65
亚硒酸钠，1%	0.30	0.30	0.30	0.30
碘化钾，1%	0.50	0.50	0.50	0.50
蛋氨酸	11	6	12	15
金霉素，10%	4			
微生态制剂			2	3
沸石粉	50	60	50	50
石　粉	10	10	10	10
稻壳粉	15.84	15.34	16.84	12.84
合　计	100	100	100	100

表 3–26　产蛋鸡 1% 复合预混合饲料配方

维生素类	配　比	微量元素类	配　比	其他添加剂	配　比
维生素 A	3.25	$MnSO_4.H_2O$	22.01	微生态制剂	49.00
维生素 D	0.63	$ZnSO_4.7H_2O$	72.22	DL– 蛋氨酸	50.00
维生素 E	8.75	$CuSO_4.5H_2O$	4.00	大豆黄酮	20.00
维生素 K，MSB	0.25	$FeSO_4.H_2O$	31.25	50% 氯化胆碱	100.00
维生素 B_1	0.13	Na_2SeO_3	52.00	稻壳粉	90.00
维生素 B_2	0.63	KI	24.00	石　粉	200.00
维生素 B_6	1.05	蛋氨酸硒，0.15%	20.00	大豆粕	126.00
维生素 B_{12}	0.18			沸石粉	114.60
泛酸钙	0.64				
烟　酸	2.51				
叶酸，用 9.6% 稀释剂	0.80			合　计	1000.09
生物素	0.20				
蛋白粉	6.00				

表 3–27　蛋鸡用 5% 低污染复合预混料

原　料	蛋小鸡	蛋中鸡	产蛋鸡
鸡维生素预混料	4	3	5
鸡微量元素预混料	40	40	40
杆菌肽锌，15%	2.7		
益康 XP			40
DL– 蛋氨酸	24	10	24
50% 氯化胆碱	10		20
食　盐	70	70	70
石粉，35%	260	260	
磷酸氢钙，21%,15%	360	240	280
次　粉	229.3	377	518.3
合　计	1 000	1 000	1 000

三、浓缩饲料配方举例

（一）蛋小鸡浓缩饲料

各地区蛋小鸡浓缩饲料规格见表 3–28，表 3–29，供参考。

表 3–28　山东蛋小鸡浓缩饲料

原料	豆粕	棉粕	菜粕	玉米蛋白粉	DDGS	花生粕	菌体蛋白	豆类蛋白	肉粉	磷酸氢钙	石粉	盐	油	预混料	合计
规格	CP ≥ 43 %	CP ≥ 38 %	CP ≥ 36 %	CP ≥ 40 %	CP ≥ 30 %	CP ≥ 45 %	CP ≥ 55 %	CP ≥ 55 %	CP ≥ 50 %	CP ≥ 16%，P ≥ 22%	Ca ≥ 35 %				
配比	43	5	5.5	5	10	5	5	5	5	3.5	3.25	0.5	2	2.25	100

表 3–29 河北蛋小鸡浓缩料（40%）

饲料原料及规格	配比，%	饲料原料及规格		配比，%
玉米（CP ≥ 8.3%）	15	磷酸氢钙（Ca ≥ 21%，P ≥ 16%）		3
豆粕（CP ≥ 43%）	56	食　盐		0.7
棉粕（CP ≥ 40%）	4	预混料		2.5
菜粕（CP ≥ 36%）	4	合　计		100
花生饼（CP ≥ 42%）	1	营养水平	代谢能，兆卡 / 千克	2.20
小麦麸（CP ≥ 15%）	5		粗蛋白质，%	33
鱼粉（CP ≥ 53.5%）	6		钙，%	2.2
石粉（CP ≥ 35%）	2.8		有效磷，%	0.9

（二）蛋中鸡浓缩饲料

蛋中鸡浓缩饲料见表 3–30 至表 3–32。

表 3–30 河北蛋中鸡浓缩饲料（35%）

饲料原料	含量，%	营养元素	含　量
大豆粕 2（GB2）	25	粗蛋白质，%	29.7
小麦麸（GB1）	16	钙，%	2.49
菜籽粕（GB2）	14	总磷，%	1.1
棉籽粕（GB2）	13.3	可利用磷，%	0.65
DDGS– 糟及可溶物	11	盐，%	0.88
土霉素渣	6	赖氨酸，%	1.297
石　粉	4.4	蛋氨酸，%	0.464
沸石粉	3.1	蛋氨酸 + 胱氨酸，%	0.972
玉米胚芽饼	3	禽代谢能，兆卡 / 千克	1.783
磷酸氢钙	2.6	粗纤维，%	7
蛋中鸡复合预混合饲料	1	粗脂肪，%	3.1
盐	0.6		
合　计	100		

表 3–31 河北蛋中鸡浓缩料（40%）

饲料原料	配比，%	饲料原料及规格		配比，%
玉米（CP ≥ 8.3%）	13	磷酸氢钙（Ca ≥ 21%，P ≥ 16%）		4
豆粕（CP ≥ 43%）	50.5	食　盐		0.8
棉粕（CP ≥ 40%）	6	预混料		2.5
菜粕（CP ≥ 36%）	6	合　计		100
花生饼（CP ≥ 42%）	4	营养水平	代谢能，兆卡 / 千克	2.07
小麦麸（CP ≥ 15%）	10		粗蛋白质，%	31
鱼粉（CP ≥ 53.5%）	0		有效磷，%	2.2
石粉（CP ≥ 35%）	3.2			

表 3–32 河北蛋中鸡浓缩料（40%）

饲料原料	配比，%	饲料原料	配比，%	营养元素	水 平
豆粕（CP ≥ 43%）	25	七霉素渣（CP ≥ 40%）	6	代谢能，兆卡 / 千克	1.8
棉粕（CP ≥ 38%）	14	玉米胚芽饼（CP ≥ 16%）	3	粗蛋白质，%	29
菜粕（CP ≥ 36%）	13	磷酸氢钙（Ca ≥ 21%，P ≥ 16%）	2.6	钙，%	2.5
DDGS（CP ≥ 40%）	11			总磷，%	1.1
麸皮（CP ≥ 14%）	16	石粉（CP ≥ 38%）	4.3	赖氨酸，%	1.5
沸石粉	1.1	食盐（NaCI ≥ 95%）	0.6	蛋氨酸，%	0.6
麦饭石	2	预混料	1	食盐，%	0.9
		合 计	100		

（三）产蛋鸡浓缩饲料

各地区产蛋鸡浓缩饲料配比见表 3–33 至表 3–35。

表 3–33 河北蛋鸡高峰浓缩料（40%）

饲料原料	配比，%	饲料原料	配比，%	营养元素	含 量
		石粉（CP ≥ 35%）	22		
豆粕（CP ≥ 43%）	27	磷酸氢钙（Ca ≥ 21%，P ≥ 16%）	3.2	代谢能，兆卡 / 千克	1.55
棉粕（CP ≥ 38%）	15			粗蛋白质，%	30
菜粕（CP ≥ 36%）	15	食 盐	0.8	钙，%	8.5
花生饼（CP ≥ 42%）	13	预混料	2.5	有效磷，%	0.75
小麦麸（CP ≥ 15%）	1.5				
		合 计	100		

表 3–34 河北产蛋鸡用浓缩料（35%）

饲料原料	含量，%	饲料原料	含量，%	营养元素	含 量
石 粉	22.44	土霉素渣	5	粗蛋白质，%	30
芝麻饼（NRC）	15	棉籽粕（GB2）	4.5	钙，%	9.9
大豆粕 2（GB2）	10	磷酸氢钙	4.2	总磷，%	1.3
菜籽粕（GB2）	10	预混料	3	可利用磷，%	0.9
花生饼（GB2）	10	盐	0.8	盐，%	0.8
玉米蛋白粉(60CP)	7.5	赖氨酸（Lys）	0.56	赖氨酸，%	1.4
有机蛋白酶	7			蛋氨酸，%	0.8
		配比和：	100%	蛋 + 胱氨酸，%	1.2
推荐用法		40% 浓缩 +60% 玉米		禽代谢能，兆卡 / 千克	1.69

表 3–35　不同比例用途产蛋鸡浓缩饲料配方（%）

饲料原料及规格	配方 1	配方 2	配方 3	配方 4	配方 5
大豆粕（44%）	45.00	42.50	49.00	63.00	54.20
棉籽粕（37%）	9.00	10.00	11.20	13.00	16.00
菜籽粕（36%）	4.00	7.50	8.50	9.50	15.00
鱼粉（秘鲁）	4.00	3.75	4.30	4.00	6.00
小麦麸（14.4%）		7.50	8.50		
磷酸氢钙（21/16.5）	4.00	3.00	3.40	5.20	3.80
石粉（34%）	30.00	22.50	11.40		
食　盐	1.00	0.75	0.90	1.30	1.30
预混料（1%）	3.00	2.50	2.80	4.00	3.70
禽代谢能，兆卡／千克	1.38	2.06	1.73	1.96	1.97
粗蛋白质	26.84	28.36	32.47	38.21	38.80
粗脂肪	1.36	1.62	1.86	1.81	1.93
钙	11.58	8.79	5.10	1.59	1.34
总　磷	1.18	1.10	1.25	1.59	1.45
有效磷	0.94	0.80	0.91	1.23	1.07
赖氨酸	1.45	1.47	1.69	2.01	1.99
蛋氨酸	0.77	0.73	0.83	1.06	1.04
蛋氨酸＋胱氨酸	1.19	1.19	1.35	1.66	1.67
苏氨酸	1.12	1.16	1.33	1.58	1.58
色氨酸	0.39	0.40	0.46	0.55	0.54
精氨酸	1.96	2.04	2.34	2.77	2.78
推荐使用方法	麸皮 5+玉米 65+浓缩料 30	玉米 60+浓缩料 40	玉米 60+石粉 5+浓缩料 35	麸皮 4+石粉 9+玉米 64+浓缩料 23	

四、配合饲料配方举例

华北鸡蛋产区蛋鸡饲料配方见表 3–36 至表 3–38，供参考。

表 3–36　河北蛋鸡饲料配方（%）

饲料原料及规格	蛋小鸡	育成鸡	产蛋鸡	营养元素	蛋小鸡	育成鸡	产蛋鸡
玉米二级（8.7）	66.20	70.00	62.00	禽代谢能，兆卡／千克	2.79	2.76	2.65
大豆粕（44）	18.00	10.00	19.80	粗蛋白质，%	17.04	14.35	16.30
棉籽粕（37）	5.00	4.00	3.00	粗脂肪，%	3.51	3.11	3.66
菜籽粕（36）	3.00	3.00	3.00	钙，%	0.91	0.83	3.51
小麦麸（14.4）	3.00	9.00		总磷，%	0.62	0.62	0.60
猪　油	0.60		1.00	有效磷，%	0.40	0.39	0.40
磷酸氢钙（21/16.5）	1.40	1.40	1.50	赖氨酸，%	0.78	0.61	0.71
石粉（34）	1.50	1.30	9.10	蛋氨酸，%	0.28	0.24	0.34
食　盐	0.30	0.30	0.30	蛋氨酸＋胱氨酸，%	0.60	0.53	0.64
50% 氯化胆碱	0.10	0.10	0.10	苏氨酸，%	0.65	0.53	0.63
预混料（%）	1.00	1.00	0.2	色氨酸，%	0.21	0.17	0.20
合　计	100	100	100	精氨酸，%	1.09	0.87	1.02

表 3–37　河北蛋鸡高峰全价料

饲料原料及规格	配比，%	饲料原料及规格	配比，%	营养元素	水　平
玉米（CP ≥ 8.3%）	60	花生饼（CP ≥ 42%）	5	代谢能，兆卡／千克	2.6
豆粕（CP ≥ 43%）	11	磷酸氢钙(Ca ≥ 21%，P ≥ 16%）	1.2	粗蛋白质，%	17
棉粕（CP ≥ 40%）	7	食　盐	0.3	钙，%	3.4
菜粕（CP ≥ 36%）	6	预混料 9132B	1	有效磷，%	0.33
石粉（CP ≥ 35%）	8.5	合　计	100		

表 3–38　饲料配方举例（%）

饲料原料	配方 1	配方 2	配方 3	配方 4	配方 5	配方 6	配方 7	配方 8
玉　米	56.00	63.74	53.4	64.79	60.0	61	41.66	64.79
豆　粕	22.00	25.60	8.0	19.17	22.5	19	31.00	22.0
麦　麸	9.5			5.33	2.5	2	5.00	
菜　粕	2.0		4.5		3.0	4.5		
棉　粕			9.0			3		3.35
葵花籽粕			2.5					
土霉素渣			2.0					
啤酒酵母			3.0					
麦芽根			2.0					
鱼　粉					2.0			
米　糠			5.0					
豆　油							3.85	
共轭亚麻油酸							3.85	
磷酸氢钙	1.47	0.56	0.7	1.80	1.70		1.20	1.47
石　粉	7.68	9.40	9.0	8.0	7.0	8	9.00	7.68
骨　粉						2.3		
盐	0.35	0.35	0.2	0.37	0.30		0.37	0.35
预混料	1.00				1.0			
蛋氨酸		0.10	0.1	0.08			0.07	0.08
赖氨酸			0.19					
多种维生素			0.03	0.02				0.02
硫酸钠			0.2					
微量元素		0.25		0.20		0.2	1.00	0.2
50% 胆碱			0.08	0.24				0.24

第四章　标准化蛋鸡饲养管理技术

目前，国内蛋鸡场从雏鸡到产蛋鸡主要有两段式和三段式饲养方式。

两段式又分为传统式和现代技术两种。两段传统式：大部分鸡场采用此种饲养方式。雏鸡在育雏舍养至 8 ~ 10 周龄，转入产蛋鸡舍。在夏季，防止育雏舍温度过高、通风不良、鸡过于拥挤，在 8 周龄转出一部分个体较大的鸡，其余的鸡 1 ~ 2 周后再转。对采用水槽饮水的蛋鸡舍，转群前，下调水槽的高度，以免影响鸡饮水，尤其是发育慢、个体小的鸡。两段现代技术：主要用于一些规模较大、设施条件完善的鸡场，雏鸡采用育雏育成一体化笼养至 15 ~ 17 周龄，转入产蛋鸡舍。

三段式饲养设育雏、育成、产蛋鸡舍（图 4–1）。雏鸡从 6 周龄由育雏舍转入育成舍，饲养至 17 ~ 18 周龄转入产蛋鸡舍。该种饲养方式，适合于鸡的生长发育需要，便于饲养管理，但在冬季，由育雏舍转入育成鸡舍，应注意保温，以防应激诱发呼吸道疾病。

图 4–1　产蛋鸡饲养方式

第一节　雏鸡饲养关键技术

一、饲养目标

育雏期饲养目标是提高成活率，增加体重，提高均匀度。

二、育雏方式

（一）地面育雏

把雏鸡放在铺有垫料的地面上进行饲养的方法称为地面育雏。从加温方法来说，地面育雏大体可分为地下烟道育雏、煤炉育雏、电热或煤气保温伞育雏、电热板或电热毯育雏、红外线灯育雏、远红外板育雏和地下暖管升温育雏等。冬季地面垫料厚度为 8 ～ 10 厘米。

（二）网上育雏

网上育雏是把雏鸡饲养在网床上。网床由网架、网底及四周的围网组成。床架可就地取材，用木、铁、竹等均可，底网和围网可用网眼大小一般不超过 1.2 厘米见方的铁丝网、特制的塑料网。网床大小可根据房屋面积及床位安排来决定，一般长 200 厘米、宽 100 厘米、高 100 厘米、底网离地面或炕面 50 厘米。每床可养雏鸡 50 ～ 80 只。加温方法可采用煤炉、热气管或地下烟道等方法。网上育雏的优点是：可节省大量垫料，鸡粪可落入网下，全部收集和利用，增加效益。此外，由于雏鸡不接触鸡粪和地面，环境卫生能得到较好的改善，减少了球虫病及其他疾病传播的机会。还由于雏鸡不直接接触地面的寒、湿气，降低了发病率，育雏成活率较高。但要注意日粮中营养物质的平衡，满足雏鸡对各种营养物质的需要，达到既节省成本，又提高育雏效果的目的。

（三）立体笼养

立体笼养指在特制的笼中养育雏鸡。由笼架、笼体、料槽、水槽和承粪板组成，包括 1 组电加热笼，1 组保温笼和 4 组运动笼 3 部分，目前常采用 4 层，属叠层笼养设备。在上、下笼间有 10 厘米空间，以放入承粪板，承粪板可活动，每日或隔日定期调换清粪。笼四周用铁丝、竹或木条制成栅栏，料槽、水槽排列在栅栏外，栅栏间距可在 20 ～ 35 毫米间调节，保证雏鸡能伸头采食、饮水，但不能逃出笼外。笼底用铁丝制成 12 毫米 ×12 毫米的网眼，使鸡粪落入承粪板中。整个笼组一般可育蛋雏鸡 800 只（1 ～ 7 周龄）。6 周龄前料槽长度每只占 2 厘米，水槽长度每只占 1 厘米。 如果育雏、育成结合成一段，则使用育雏、育成笼。整组笼具一般 3、4 层。可采用机械供料，料槽安于前网内，笼门设在前网中央，前网孔径较小，以防止幼雏从笼内逃出。有的则将料槽安装在前网外，为便于各阶段不同日龄大小的鸡只采食，可以调整前网下层外面可移动的网片以调节纵栅的间距，调节范围为 20 ～ 40 毫米；也可调节前网与料槽间的距离或者使用上层与下层栅间距不同的前网。底网孔径 13 毫米 ×51 毫米或 25 毫米 ×25 毫米，育雏阶段在笼底铺一层 12 毫米 ×12 毫米孔径的硬质塑料网，5 ～ 6 周龄时再将网片撤去。笼底一般平铺，但也可将采食处适当升高形成一定的倾斜坡度。

三、雏鸡的选择与运输

（一）初生雏的选择

初生雏的选择是商品蛋鸡场的重要工作，其质量影响生产效益。

雏鸡选择方法可归纳为“看、听、摸、问”4 个字。

看 就是观察雏鸡的精神状态。健雏活泼好动，眼亮有神，羽毛整洁光亮，腹部收缩良好。弱雏通常缩头闭眼，伏卧不动，羽毛蓬乱不洁，腹大松弛，腹部无毛且脐部愈合不好，有血迹、发红、发黑、疔脐、丝脐等。

听 就是听雏鸡的叫声。健雏叫声洪亮清脆。弱雏叫声微弱，嘶哑或鸣叫不休，有气无力。

摸 就是触摸雏鸡的体温、腹部等。随机抽取不同盒里的一些雏鸡，握于掌中，若感到温暖，体态匀称，腹部柔软平坦，挣扎有力的便是健雏；如感到鸡身较凉，瘦小，轻飘，挣扎无力，腹大或脐部愈合不良的是弱雏。

问 询问种蛋来源，孵化情况以及马立克氏病疫苗注射情况等。来源于高产健康适龄种鸡群的种蛋，孵化过程正常，出雏多且整齐的雏鸡一般质量较好；反之，雏鸡质量较差。

初生雏的分级标准见表 4–1，供参考。

表 4–1　初生雏的分级标准

级 别	健 雏	弱 雏	残次雏
精神状态	活泼好动，眼亮有神	眼小细长，呆立嗜睡	不睁眼或单眼、瞎眼
体 重	符合本品种要求	过小或符合本品种要求	过小干瘪
腹 部	大小适中，平坦柔软	过大或较小，肛门粘污	过大或软或硬、青色
脐 部	收缩良好	收缩不良，大肚脐潮湿等	蛋黄吸收不完全、血脐、疔脐
绒 毛	长短适中，毛色光亮，符合品种标准	长或短、脆、色深或浅、粘污	火烧毛、卷毛、无毛
下 肢	两肢健壮、行动稳健	站立不稳、喜卧、行走蹒跚	弯趾跛腿、站不起来
畸 形	无	无	有
脱 水	无	有	严重
活 力	挣脱有力	软绵无力似棉花状	无

（二）雏鸡的运输

雏鸡出壳后，经过一段时间绒毛干燥、挑选、雌雄鉴别、点查鸡数、注射马立克氏病疫苗等处理后就可以接运了。接运的时间越早越好，即使是长途运输也不要超过 48 小时，最好在 24 小时内将雏鸡送入育雏舍内。实践证明，要安全和符合卫生条件地运输雏鸡，必须做好以下几方面的工作。

1. 选择好运雏人员　运雏人员必须具备一定的专业知识和运雏经验，还要有较强的责任心。最好是饲养者亲自押运雏鸡。

2. 准备好运雏工具　运雏用的工具包括交通工具，装雏箱及防雨保温用品等。交通工具（车、船、飞机等）视路途远近、天气情况和雏鸡数量灵活选择。运输过程都要求稳而快。装雏用具要使用专用雏鸡箱，现多采用的是箱长 50 ~ 60 厘米、宽 40 ~ 50 厘米、高 18 厘米，箱子四周有直径 2 厘米左右的通气孔若干；箱内分 4 个小格，每个小格放 25 只雏鸡，每箱放雏 100 只。冬季和早春运雏要带棉被、毛毯用品。夏季要带遮阴、防雨用品。所有运雏用具和物品都要经过严格消毒之后方可使用（图 4–2）。

图 4–2　运输箱和运雏车

3. 适宜的运雏时间　初生雏鸡体内还有少量未被利用的蛋黄，可以作为初生阶段的营养来源，所以雏鸡在 48 小时内可以不饲喂。这是一段适宜运雏的时间。此外，还应根据季节和天气确定启运时间。夏季运雏宜在日出前或傍晚凉爽时进行，冬天和早春宜在中午前后气温相对较高的时间起运。

4. 保温与通气的调剂　运输雏鸡时保温与通气相对矛盾。只注重保温，不注重通风换气，会使雏鸡受闷缺氧，严重的还会导

致窒息死亡；只注重通气，忽视了保温，雏鸡会受风着凉患感冒，诱发雏鸡腹泻，影响成活率。因此，装车时要将雏鸡箱错开摆放。箱周围要留有通风空隙，重叠高度不要过高。气温低时要加盖保温用品，但注意不要盖得太严。装车后要立即起运，运输过程中应尽量避免长时间停车。运输人员要经常检查雏鸡的情况，通常每隔 2 ~ 3 小时观察 1 次。如见雏鸡张嘴抬头，绒毛潮湿，说明温度太高，要掀盖通风，降低温度。如见雏鸡挤在一起，吱吱鸣叫，说明温度偏低，要加盖保温。当因温度低或是车子震动而使雏鸡扎堆时，需要将上下层雏鸡箱互相调换位置，以防中间、下层雏鸡闷死。

四、育雏前的准备工作

（一）育雏计划的制定

根据育雏舍大小、饲养方式及鸡群的整体周转安排制定育雏计划。原则是最好做到全进全出制，每批育雏出舍后空闲 1 个月，这是防病和提高成活率的关键措施。通过调查，选择非疫区、信誉好、具有种鸡生产许可证的种鸡场，根据鸡舍面积、资金状况、饲养管理水平、笼位等确定进雏数量。

（二）安排育雏饲养人员

育雏是养鸡全过程中最为繁杂、细微、艰苦而又技术性很强的工作，要求育雏人要吃苦耐劳、责任心强、心细、勤劳，并且必须有一定的专业技术知识和育雏经验，必要的时候还要封闭在育雏区内 2 ~ 6 周不回家。因为幼雏很孱弱，对疫病的抵抗力差，早期很易患病，故大型鸡场育雏时采用封栋或封场饲养，饲养员要待雏鸡转出后才能放假休息。

（三）育雏舍及饲养用具的准备

1．鸡舍的清扫、检修及消毒　上批雏鸡转出后，马上清除鸡粪、垫料等物，全面进行清扫和冲洗，之后把鸡舍、照明、供暖系统、给水系统、料槽、笼具等认真检修，之后再次彻底清扫舍内及舍外四周，确保无粪便、无羽毛、无杂物，然后再进行冲洗。最好用高压水枪从上到下进行冲洗，冲洗干净后再进行消毒。消毒程序：从上至下，即天棚、墙壁、笼具、地面；不怕火烧的部分用火焰喷烧消毒，其他部分和顶棚、墙壁、地面用无强腐蚀性的消毒药物喷洒消毒，最后按每立方米空间用 40% 甲醛溶液 42 毫升 +21 克高锰酸钾密闭熏蒸消毒 24 小时以上。抽样检查，不合格的要重新消毒（图 4–3）。

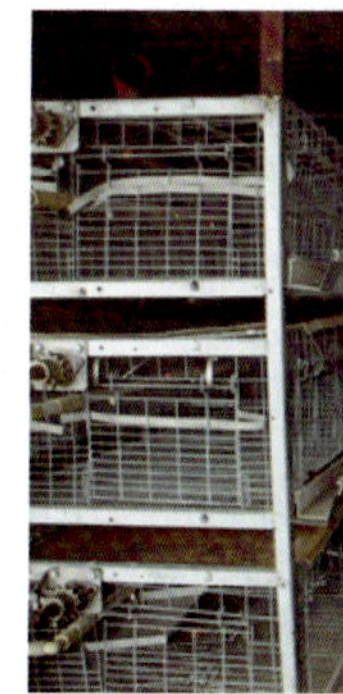

图 4–3　育雏舍消毒

2. 饲料的准备　雏鸡料必须符合本品种饲养标准的营养要求。饲料放在通风、阴凉、干燥处。配制好的饲料不要存放太久，夏季最好不要超过 2 周，防止饲料中的维生素 A、维生素 E 等被氧化和霉变污染。

3. 其他用品　干湿球温度表等环境监测仪器；注射器，医用剪，龙胆紫药水，碘酊，消毒棉球等常用兽医药械也要准备好。此外桶、盆、铁锹、扫帚、簸箕等工具要配齐，并专舍专用，不得外借和串舍使用。准备好记录用的各种表格、笔、日操作程序等。育雏人员进舍时同时发给工作服，每人 2 套，以便常换洗和消毒。

4. 预热试温　无论采用何种供热方式，在进雏前 2 ~ 3 天都要进行试温，检查供热系统是否完好，以确保完全供热。根据天气情况进雏前对鸡舍进行给热预温，使地面、墙壁等外围温度升高，保证进雏时舍温和育雏器及育雏位置达到要求。

五、雏鸡的饮水与开食

（一）雏鸡的饮水

雏鸡饮水操作见表 4–2。

表 4–2　雏鸡的初饮

项　目	操作方法与要求
初饮的时间	雏鸡达到育雏舍后 1 小时以内，以保持正常食欲
饮水的配制	糖类：葡萄糖浓度为 5%，蔗糖浓度为 8%； 抗菌药物青霉素 40 万单位加水 200 毫升，高锰酸钾浓度为 0.01% ~ 0.05%。药水务必现配现用，用量必须准确
饮水的调教	饲养员轻轻握住雏鸡，手心对着雏鸡背部，拇指和中指轻轻扣住颈部，食指轻按头部，将喙部按入水盘，注意水不能没及鼻孔，然后迅速抬起鸡头，雏鸡就会吞咽进入嘴内的水。如此连续 3 ~ 4 次以后雏鸡就会自行喝水，一个笼内只要有几只雏鸡喝水后，其余雏鸡就会跟着迅速学会喝水
饮水的温度	18℃ ~ 20℃的温开水，切莫饮用低温凉水
饮水器的摆放	饮水器分布均匀，高度适中，并且要放在光线明亮之处，与料盘交错摆放。平面育雏时饮水器和料盘的距离不要超过 1 米。饮水器每天清洗 1 ~ 2 次，并消毒

（二）雏鸡的开食

雏鸡开食操作见表 4–3。

表 4–3　雏鸡的开食

项　目	操作方法与要求	备　注
开食时间	正常情况下雏鸡出壳后 24 ~ 36 小时开食为宜。雏鸡开食时，应在初饮以后 2 ~ 3 小时	开食太早不利于卵黄的吸收，而开食晚于 48 小时可明显影响雏鸡的增重
开食饲料	①开食饲料最好用新鲜小米、玉米渣、碎大料等粒料，切不可用过细的饲料 ②第三天改用全价饲料，既可用干料，也可用湿料，湿料中料与水的比例为 5∶1	雏鸡饲料营养要全面，饲喂量要适当。开食料要新鲜、营养全面、易消化，颗粒大小适中

续表 4–3

项　目	操作方法与要求	备　注
开食方法	用浅而平的料盘、塑料布、报纸等放在光线明亮处，将料反复抛撒几次，引诱雏鸡啄食。鸡群中只要有少数雏鸡开始啄食饲料，其余雏鸡很快就会学会	料盘或塑料布一定要足够大，以便所有雏鸡能够同时采食。育雏第一天饲养员要多次检查雏鸡嗉囊，以鉴定是否已经开食和开食后是否吃饱
饲喂次数	最初几天，每隔 3 小时饲喂一次，每昼夜饲喂 8 次；随着雏鸡日龄增长逐步减少到春、夏季每天 6 ~ 7 次。冬季和早春 5 ~ 8 次。3 ~ 8 周龄时夜间不再饲喂，每天 4 小时饲喂 1 次，每昼夜 4 ~ 5 次	饲喂雏鸡时要少喂勤添，以刺激雏鸡食欲
料槽的更换	2 ~ 3 天后应逐渐增加料槽，待雏鸡习惯料槽时，撤去料盘或塑料布。0 ~ 3 周后使用幼雏料槽，3 ~ 6 周龄使用中型料槽，6 周龄以后逐步改用大型料槽	料槽的高度应根据鸡背高度进行调整，这样既可防止雏鸡食管弯曲，又可减少饲料浪费

六、育雏期的环境控制

环境主要是指舍内环境。环境控制包括温度、湿度、通风、光照、饲养密度等的控制，这些是雏鸡生长发育好坏的直接影响因素。如何控制好这些因素是育雏的关键。

（一）温度的控制

育雏期不同周龄的适宜温度及高低极限值见表 4–4。

表 4–4　育雏期不同周龄的适宜温度及高低极限值（℃）

项目	周　龄						
	0	1	2	3	4	5	6
适宜温度	35 ~ 33	33 ~ 30	30 ~ 29	28 ~ 27	26 ~ 24	23 ~ 21	20 ~ 18
极限高温	38.5	37	34.5	33	31	30	29.5
极限低温	27.5	21	17	14.5	12	10	8.5

雏鸡饲养的环境温度控制技术见表 4–5。

表 4–5　雏鸡饲养的环境温度控制技术

内　容	控制技术
温度的测定	保温伞育雏，测定伞半径 1/2 处离地面 5 厘米高度处的温度。 重叠式电热育雏笼，测定给温度和保温笼交界处距 5 厘米高度处的温度 舍内温度，测定离地 1 米高走道处的温度
温度控制程序	雏鸡的体温比成年鸡低 1℃ ~ 3℃，对温度的反应十分敏感。不同周龄雏鸡的适宜温度参见表 4–4，表中上限温度适宜夜间雏鸡休息睡眠时的要求，下限则用于雏鸡白天活动采食时应用
看鸡施温	通过观察雏鸡的行为表现而正确地掌握和控制育雏温度
脱　温	脱温时机。随雏鸡日龄的增加，当温度降低至舍内外温差不大时，即进行脱温 脱温方法。脱温要逐渐进行，即用 3 ~ 5 天的时间逐渐撤离保温设施，防止脱温太快 鸡群要求。一般选择风和日丽的晴天 鸡舍要求。脱温后雏鸡舍要保持干燥，料槽和饮水器等设施尽量维持原貌，以减轻触及的不适应感

（二）湿度的控制

适宜湿度要求和控制技术见表 4–6，表 4–7。

表 4–6　不同周龄雏鸡的适宜空气相对湿度（%）

项　目	周　龄		
	1 ~ 2	3 ~ 4	5 ~ 6
适宜湿度	70 ~ 65	65 ~ 60	60 ~ 55

表 4–7　雏鸡舍湿度的监测与控制技术

项　目	控制方法
湿度的监测	监测湿度常用的是干湿球温度表，添加到湿球水盒的水最好是蒸馏水，也可用凉开水替代
湿度的调节方法	①在鸡舍内摆放一定数量的水盘，或在火炉等热源上放置水壶、水盆等，即可连续不断地向鸡舍内蒸发水分，保持鸡舍内比较稳定的湿度 ②在走道和四周墙壁上拉上铁丝或绳子，将湿布或湿麻袋搭在铁丝上，依靠水分连续不断的蒸发保持舍内湿度的相对稳定

（三）通风的控制

不同日龄鸡舍换气量见表 4–8。

表 4–8 密闭鸡舍不同日龄鸡的换气量（以 1 000 只／小时的换气量计，米 ^{3}）

日龄／天	体重（克）	换气量	
		最 大	最 小
0 ~ 20	230	1 800	456
21 ~ 30	305	2 400	600
31 ~ 50	600	4 680	1 200
51 ~ 70	810	6 300	1 620

（四）光照的控制

蛋雏鸡的光照制度见表 4–9。

表 4–9 密闭式鸡舍蛋雏鸡的光照制度

日 龄	光照时间（小时）	光照强度（勒）
0 ~ 2	24	30 ~ 40
3	23	30 ~ 40
4	22	20 ~ 30
5	21	20 ~ 30
6	20	20
7	19	20
8	18	20
9	17	20
10 ~ 14	16	20
15 ~ 21	15	20
22 ~ 42	14 或 14 ~ 18	20

（五）密度的控制

每平方米容纳的鸡数为饲养密度。密度小，不利于保温，而且也不经济。密度过大，鸡群拥挤，容易引起啄癖，采食不均匀，造成鸡群发育不齐，均匀度差等问题的发生。不同饲养方式的饲养密度见表 4–10。

表 4–10　不同饲养方式的饲养密度（只／米 ^{2}）

周　龄	笼　育	网上饲养
1 ~ 2	55 ~ 60	25 ~ 30
3 ~ 4	40 ~ 50	25 ~ 30
5 ~ 6	27 ~ 38	12 ~ 20

七、雏鸡的断喙

雏鸡的断喙操作如图 4–4，表 4–11。

表 4–11　鸡的断喙时间和方法

项　目	要　求
断喙时间	①第一次断喙在 6 ~ 10 日龄时进行 ②对部分断喙太轻的鸡、体质较弱未断喙的雏鸡进行补断，即第二次断喙，一般在 8 ~ 12 周龄进行
断喙方法	①鸡的保定。术者一手握鸡，拇指置于鸡的头部后端，食指放在咽部下方，其余三指放在胸部下方。在鸡喙进入断喙器的同时，拇指轻轻向前压迫头部，食指轻轻往后勾压咽部，使鸡的舌头自然后缩。若鸡龄较大时，可用另一只手握住鸡的翅膀和双腿 ②断喙要求。断喙器的孔眼大小应使烧灼圈与鼻孔之间相距 2 毫米。当电热刀片切除上喙 1/2 和下喙 1/3 时，保持喙部切口紧贴刀片侧面，并在刀片上烧灼 2 ~ 3 秒钟
注意事项	①雏鸡免疫前、后两天或鸡群健康状态不良时，不宜进行断喙 ②断喙前 1 天和断喙后 2 天，每千克饲料中添加 2 ~ 3 毫克维生素 K 和 150 毫克维生素 C ③术者要准确地从雏鸡鼻孔前缘至喙尖端上喙 1/2 处、下喙 1/3 处切除喙的前部 ④断喙刀片的温度要适宜，为 600℃ ~ 800℃。此时刀片外观呈暗红色至红色，即樱桃红色，但不发亮，若发亮则温度太高 ⑤断喙人员速度要快，以每分钟 15 只左右的鸡为宜 ⑥断喙后 3 天内供给充足饮水和饲料。观察雏鸡饮水是否正常；料槽中饲料充足，以利于雏鸡采食，避免采食时术部碰撞槽底而导致切口流血 ⑦断喙过程中要注意断喙器的维护保养。通常断喙 600 只鸡后，将刀片卸下，用细砂纸打磨刀片，以除去因烧烙生成的氧化锈垢

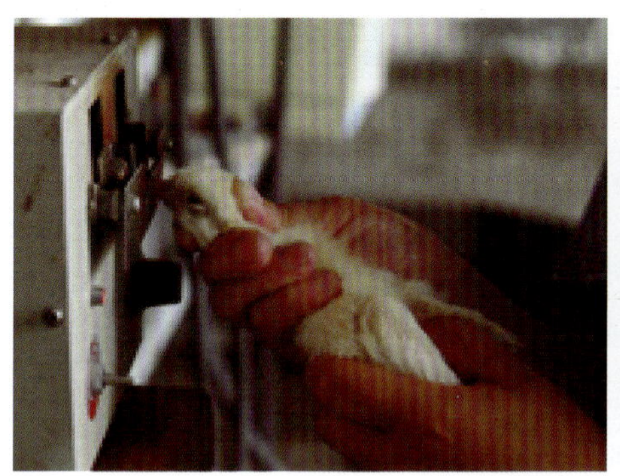
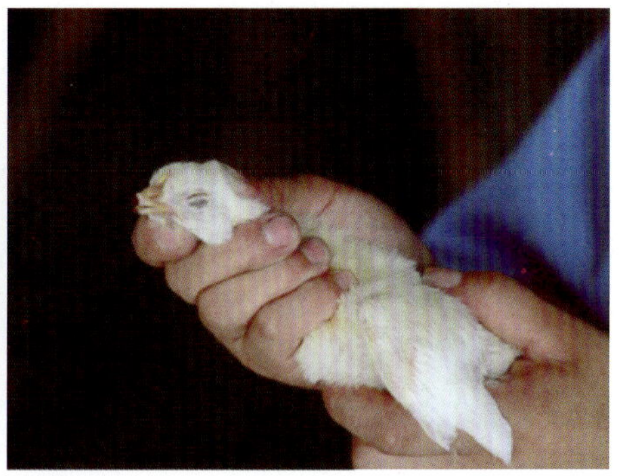

图 4–4　雏鸡断喙

八、育雏效果的评价

管理人员要对育雏工作定期进行检查。检查内容主要有：鸡只成活率、平均体重和体重均匀程度等（表 4–12）。

表 4–12　育雏效果的评价

评价项目	评价方法
育雏期成活率	在正常情况下，雏鸡死亡曲线的高峰在 3 ~ 5 日龄，从 6 日龄起死亡率显著下降，7 日龄后只有零星死亡现象，并多为机械性死亡。质量良好的雏鸡，整个育雏期的成活率应在 98% 以上
雏鸡体重的检测	第一次：初生重，在雏鸡入舍后开食前进行。净重除以鸡的数量，即雏鸡的平均初生重 第二次：2 周龄进行。采取随机抽样的方式，群体大时按不少于 1% 的比例抽取，样本数不少于 100 只；群体小时按 5% ~ 10% 的比例抽取，最少不少于 30 只鸡。逐个称取体重，计算体重平均值和变异程度 第三次：4 周龄末进行。逐只称重，样本数和计算项目与第二次相同 第四次：6 周龄末进行。逐只称重，样本数和计算项目与第二次相同
体重资料的利用	一方面，每次称重后将平均体重与品种标准比较，以便采取相应的饲养管理措施；另一方面，每次称重后，按平均体重 ±10% 的范围内统计出鸡数，然后得出鸡群的均匀度

续表 4–12

评价项目		评价方法
鸡群均匀度	鸡群均匀度要求标准	通常要求 75% ～ 80% 的鸡在平均体重 ±10% 的范围；均匀度在 80% 以上的鸡群为优，均匀度在 70% ～ 75% 为一般群，均匀度不足 70% 为较差
	鸡群均匀度差的原因	①雏鸡品质不良。②进雏前准备工作不充分。③育雏期温度、湿度不适宜、通风换气不良。④饲养密度过大。⑤平均每只鸡的料槽、水槽占有量不足。⑥断喙过度或上下喙长短差异大。⑦环境条件急剧变化。⑧疾病及寄生虫的影响。⑨饲料品质差
	鸡群均匀度差的管理措施	①按体重大小重新组群。②对体重小的鸡尽可能地给予良好的环境。③体重小的鸡在没有达到标准体重之前，不要更换雏鸡料。④将极少数体重过小的鸡及时淘汰

九、育雏的生产管理

雏鸡生产管理见表 4–13。

表 4–13 雏鸡的生产管理

周龄		1		2	3	4	5	6
日龄（天）		1 ～ 2	3 ～ 7	8 ～ 14	15 ～ 21	22 ～ 28	29 ～ 35	36 ～ 42
适宜温度（℃）	平养	33 ～ 35	30 ～ 32	28 ～ 29	26 ～ 27	24 ～ 25	20 ～ 23	18 ～ 21
	笼养	28 ～ 29		26 ～ 27	24 ～ 25	22 ～ 23	20 ～ 21	18 ～ 21
饲养密度（只／米^2）		25		25	25	25	14	14
平均耗料量（克／日·只）	轻型母雏	13.2		16.3	24.5	31.8	36.3	38.1
	中型母雏	16.0		25.4	36.3	39.4	41.3	43.1
平均周末体重（克／只）	轻型母雏	90		150	200	270	340	410
	中型母雏	110		190	280	370	470	560
管理要求		掌握好育雏环境：温度适宜；相对湿度 55% ～ 65%；光照 0 ～ 3 日龄至 1 周龄夜间增加人工光照，光线亮些为好；舍内通风良好；密度适当；及时分群		6 ～ 10 日龄断喙			减少饲养密度，淘汰小公鸡	

续表 4–13

防疫措施	从3日龄开食，饲料中加入0.02%氟苯尼考，连喂10天。7～10日龄用新城疫Ⅱ型疫苗滴鼻免疫		从15日龄起，饲料中加入氯苯胍（0.17克/千克），连续喂至60日龄	25～30日龄用新城疫Ⅱ系疫苗滴鼻或饮水免疫		

第二节　育成期的饲养管理

雏鸡从7周龄后进入育成阶段，育成期饲养管理得好坏，决定了鸡在性成熟后的体质、产蛋性能，所以这一阶段的饲养管理也是十分重要的。

一、日粮过渡

从育雏期到育成期，饲料的更换是一个很大的转折。饲料更换以体重和跖长指标为准（图4–5）。若达标，7周龄后开始更换饲料，分别用1/3、1/2和2/3的育成鸡料替换雏鸡料，更换期为1周；如果达不到标准，可继续饲喂雏鸡料，直至达标为止。如长期不达标，应查明原因。

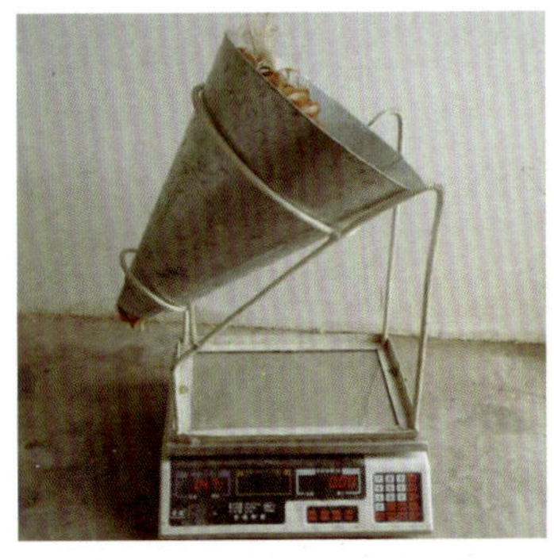

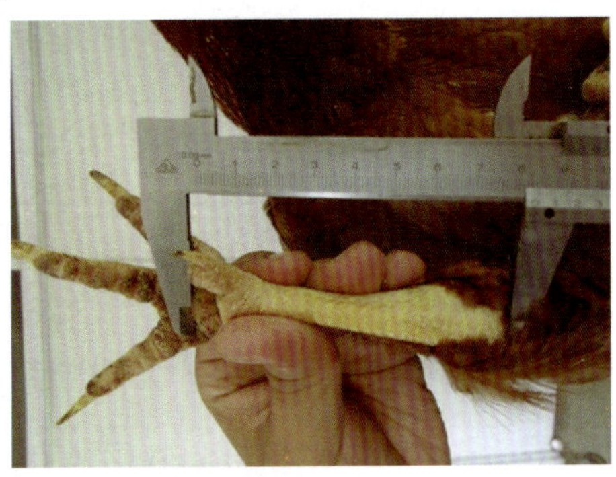

图 4–5　体重测定和跖长测定

育成鸡的营养需要见表 4–14。

表 4–14　7 ～ 14 周龄育成鸡的营养需要

项　目		7 ～ 14 周龄营养需要	15 ～ 18 周龄营养需要
营养需要	代谢能	11.72 兆焦 / 千克	11.08 ～ 11.29 兆焦 / 千克
	粗蛋白质	16% ～ 16.5%	14% ～ 15%
	粗纤维	小于 5%	7% ～ 8%

表 4–14 所列育成鸡的营养需要，既可以满足育成鸡的生长发育，又可以促进鸡只消化道容积的充分扩大，以增强消化系统的功能。15 ～ 18 周龄适当低一些的粗蛋白质水平可以避免鸡只性腺的过早发育，较低的能量水平和较高的粗纤维含量可以防止鸡只脂肪的过度沉积。

二、限制饲养

育成鸡的限制饲养见表 4–15。

表 4–15　育成鸡的限制饲养

项　目	方法与要求
限饲目的	保持鸡群体重的正常增长，防止过早性成熟，提高进入产蛋期内的生产性能 减少采食量，降低饲养成本
限饲对象	育成鸡的体重低于标准体重时，切不可进行限饲；轻型蛋鸡沉积脂肪的能力相对弱一些，一般不需要限制饲养 育成鸡体重高于标准体重或分群后的大鸡体重超过标准体重，则采用限制饲养；中型品种鸡，特别是体重偏重品种的鸡，早期沉积脂肪的能力较强，在育成阶段采取限制饲养
限饲时间	一般从 8 ～ 10 周龄开始，直到 17 ～ 18 周龄结束
限饲方法	有限时法、限量法和限质法等，蛋鸡常用限量法和限质法

限量法：首先应掌握鸡的正常采食量，将饲量减少正常采食量的 90%，并保证饲料的质量。每 1 ～ 2 周称重 1 次，按鸡群的 1% ～ 5% 抽样，不少于 50 只，以检验限饲效果。低于标准时，停止限饲；待鸡的体重超标时再限饲。保证每只鸡的采食、饮水

位置足够，槽中料均匀。鸡群因注射疫苗、断喙、疾病、高温等应激时，应恢复自由采食。

限质法：日粮能量水平降低至 9.2 兆焦 / 千克，粗蛋白质降至 10% ~ 11%，同时提高日粮中粗纤维的含量，使之达到 7% ~ 8%。

配制日粮时，适当限制某种营养成分的添加量。例如，低能量日粮、低蛋白质日粮或低赖氨酸日粮等，以减少鸡只脂肪沉积。

注意事项

①限饲前必须对鸡群分群，将病鸡和弱鸡挑选出来，不可限饲，否则可能导致死亡。

②在整个限饲期间，必须保证有足够的槽位让所有鸡同时采食，否则会降低鸡群的均匀度。

③预防接种、疾病等应激发生时停止限饲。可引起应激的操作前、后各 2 ~ 3 天，给予鸡只自由采食。

④采用限量法限饲时，给予营养平衡的全价日粮。

⑤定期抽测称重，一般每隔 1 ~ 2 周随机抽取鸡群的 1% ~ 5% 进行空腹称重，以检测限饲效果。若超过标准体重的 1%，下周则减料 1%；反之，则增加 1%。

⑥限饲方式可根据季节和品种进行调整，如炎热季节由于能量消耗较少，可采用每天限饲，矮小型蛋鸡的限饲时间不超过 4 周。

⑦限饲期间要加强对鸡群的巡查，特别是在空槽时或限饲日，防止鸡只因饥饿而互相掐啄。

三、育成期的环境控制

育成期的环境控制见表 4-16。

表 4-16 育成鸡的环境条件要求及其控制

内 容	方 法
光 照	可控制鸡只过肥超重，限制过多活动，减少啄癖发生。在生长期采用较低的光照强度，以 5 ~ 10 勒（1.3 ~ 2.7 瓦 / 米 ²）为宜。为控制鸡性成熟，防止早产早衰，按逐渐缩短或稳定短光照制度进行控制，每天光照时间不超过 12 小时 不要经常变换光照强度，不要在红光中饲养育成鸡，否则易导致产蛋量的降低并产小蛋
温度与湿度	随鸡日龄的增大，鸡舍内的温度要逐渐降低。其适宜温度为 16℃左右，相对湿度为 60%
通 风	育成鸡生长速度快，产生的有害气体多，若不注意通风，很容易患呼吸道疾病。通风量为夏季 6 ~ 8 米 ³ / 只·小时，春秋季为 3 ~ 4 米 ³ / 只 · 小时，冬季为 2 ~ 3 米 ³ / 只 · 小时。随着鸡的体重和日龄变化调整通风量
饲养密度	群养青年鸡一般平养每群以不超过 500 只为好，9 ~ 18 周龄的育成鸡饲养密度为 10 ~ 12 只 / 米 ² 笼养则每个小笼 5 ~ 6 只，15 ~ 16 只 / 米 ²，即保证每只鸡有 270 ~ 280 厘米 ² 的笼位，宽度 8 厘米左右的采食和饮水位置

四、育成效果评价方法

育成效果以体重和均匀度评价，要求见表 4-17。

表 4-17 育成鸡体重与均匀度的测定

测定项目	测定方法及要求	备 注
体重测定	轻型鸡从 6 周龄开始每隔 1 ~ 2 周称重 1 次 中型鸡从 4 周龄后每隔 1 ~ 2 周称重 1 次 称测体重的鸡只数量万只鸡按 1% 抽样，小群按 5% 抽样，但不能少于 50 只鸡	抽样要有代表性。对于笼养鸡，必须在鸡舍的不同区域抽样，不同层次均要抽取，且每层笼取样数量相等 体重测定安排在相同时间内进行。例如，周末早晨空腹测定，然后喂料
均匀度测定	鸡群的均匀度是指群体中体重落在平均体重 ±10% 范围内鸡只所占的百分比。鸡群均匀度在 70% ~ 76% 时为合格，77% ~ 83% 时为较好，达到 84% ~ 90% 时为最好	鸡群内的体重差异较小，说明鸡群发育整齐，性成熟也能同期化，开产时间一致，产蛋高峰且维持时间长。在评定鸡群均匀度时，必须根据标准体重范围评价育成鸡群体的优劣，全群鸡必须均匀一致

五、育成鸡生产管理

育成鸡生产管理简表见表 4-18。

表 4-18　育成鸡生产管理简表

周龄	日龄（天）	饲养密度（只/米^2）	平均每只每天耗料量（克）		平均每只每周体重（克）		管理要点	防疫措施
			轻型母雏	中型母雏	轻型母雏	中型母雏		
7	43 ~ 49	14	39.0	45.4	490	670	做好饲料更换工作，淘汰病、弱、小、残母雏	鸡疫苗免疫接种。饲料中添加 0.02% ~ 0.04% 氟苯尼考
8	50 ~ 56	14	40.8	47.6	580	790		
9	57 ~ 63	8	40.8	49.9	660	870	开始控制体重，减少饲养密度	地面平养鸡要驱蛔虫，每千克体重 0.25 千克驱蛔灵，拌入饲料中服用
10	64 ~ 70	8	45.4	52.2	740	970	如果 6 ~ 10 日龄未断喙可在 10 ~ 12 周龄进行	2 月龄后可用新城疫 I 系苗注射免疫
11	71 ~ 77	8	49.9	54.4	810	1050	强化饲养管理工作，观察鸡群、粪便的变化情况，预防球虫病的发生	养鸡数量多者可用 II 系苗饮水或气雾免疫
12	78 ~ 84	8	49.9	56.7	880	1130		
13	85 ~ 91	8	54.4	59.0	950	1210	可以适当降低饲料营养成分	
14	92 ~ 98	8	54.4	61.2	1020	1280		
15	99 ~ 105	8	59.0	63.5	1080	1360	如果蛋鸡笼养，可在 17 ~ 20 周龄期间转群、上笼，一般夜间进行为好	4 月龄后鸡只上笼时，可再用新城疫 I 系苗免疫
16	106 ~ 112	8	59.0	65.8	1130	1430		
17	113 ~ 119	8	63.5	68.0	1180	1500		

续表 4–18

周龄	日龄（天）	饲养密度（只／米²）	平均每只每天耗料量（克）		平均每只每周体重（克）		管理要点	防疫措施
			轻型母雏	中型母雏	轻型母雏	中型母雏		
18	120 ~ 126	8	63.5	70.3	1220	1560	在18、19周龄可根据光照情况每月增加1小时。转群前对断喙不合格者再行断喙；转群时称重，测定鸡群均匀度；淘汰病、弱、小、残母雏	做好转群的预防应激工作，饲料中可添加土霉素和多种维生素。鸡群数量大时，可用新城疫Ⅱ系苗饮水或气雾免疫，以后每隔3个月免疫1次
19	127 ~ 133	6	68.0	72.6	1260	1620		
20	134 ~ 140	6	68.0	74.8	1290	1680		

第三节　产蛋鸡的饲养管理

目的在于最大限度地为产蛋鸡提供一个有利于健康和产蛋的环境，充分发挥其遗传潜能，生产出更多的优质商品蛋。

一、环境控制

产蛋鸡的环境控制见表 4–19。

表 4–19　产蛋鸡的环境条件要求及其控制

内　容	方　法
光　照	在生产实践中，从18周龄开始，每周延长光照0.5 ~ 1小时，使产蛋期的光照时间逐渐增加至14 ~ 16小时，然后稳定在这一水平上，直到产蛋结束。采用自然光照的鸡群，如自然光照时间不足，则用人工光照补足。为了方便管理，可以定为：无论在哪个季节都是早6时至晚20 ~ 22时为其光照时间，即每早6时开灯，日出后关灯，日落前再开灯至规定时间。完全采用人工光照的鸡群，可从早6时开始光照至20 ~ 22时结束
温　度	产蛋鸡的适宜温度为13℃ ~ 25℃，最佳温度为18℃ ~ 23℃。相对来讲，冷应激比热应激的影响小。在较高环境温度下，约在24℃以上，其产蛋蛋重开始降低；27℃时产蛋数、蛋重降低，而且蛋壳厚度迅速降低，同时死亡率增加；达37.5℃时产蛋量急剧下降，温度在43℃以上，超过3小时母鸡就会死亡
湿　度	产蛋鸡适宜相对湿度为60% ~ 65%
通　风	通风换气可以补充氧气，排出水分、有害气体和粉尘，保持鸡舍内空气新鲜和适宜的温度，它与舍内的温、湿度密切相关
饲养密度	笼养则每个小笼3 ~ 4只，500厘米²／只

二、不同产蛋时期的管理特点

（一）初产至产蛋高峰期的管理

产蛋鸡从 16 周龄起进入预产期，25 周龄达到产蛋高峰，这个时期的饲养管理对产蛋量影响极大。产蛋前期饲养管理见表 4–20。

表 4–20　产蛋前期母鸡的饲养管理

项　目	方法与要求
日粮过渡	鸡群的产蛋率达到 5% 时，逐渐将育成后期的饲料更换成产蛋鸡料，且换料要与增加光照时间配合进行
光照管理	对于体质健壮、达标、均匀度良好的鸡群，光照增加快一些，否则增加速度放慢。密闭式鸡舍光照增加速度以每周 0.5 ～ 1 小时为宜；开放式鸡舍采用自然光照辅助人工光照
体重监测	定期称重，若发现体重低于鸡种推荐标准的下限或超过推荐标准上限 10% 时，需及时采取相应措施，以维持鸡只良好的体况
调笼与分群	①将体重较轻、冠髯较小且颜色不够红润的母鸡从鸡群中挑出，集中安置在中、上层靠近光源处饲养。②必要时单独增加日粮的粗蛋白质水平，使其快速生长发育，提早产蛋
蛋重测定	母鸡开产后蛋重的增加具有一定的规律性，若平均蛋重达不到品种标准，往往是营养不足的结果，必须及时调查产生的原因，并及时纠正
啄癖的防治	产蛋前期是脱肛、啄肛、啄癖的易发时期。防止啄癖措施：①控制营养，避免蛋重过大，使蛋能够顺利产出。②保证鸡的饲料和饮水，不能长时间空槽和断水。③保持鸡舍的安静环境，使鸡安静产蛋。④保持适宜的光照强度。⑤合理通风，注意鸡舍空气清新。⑥合理进鸡，保证适宜的饲养密度

初产蛋鸡的水样腹泻是蛋鸡养殖场经常遇到的问题。鸡一开产就出现水样腹泻，有的持续 1 ～ 2 周，有的持续 1 ～ 2 个月，甚至更长时间。引起水样腹泻的原因很多，有细菌、病毒、寄生虫、中毒病等，但初产母鸡的腹泻往往是由非病原性因素引起的。

1. 初产蛋鸡水样腹泻的主要症状：①母鸡刚开产就表现排水样粪便，粪便的固体成分较少，大量水分夹杂着一些未消化的饲

料，排便的鸡肛门周围的羽毛潮湿，粪便的颜色相对比较正常，严重时，走近鸡能听见“哗啦哗啦”的排便声。②排水便鸡的精神、采食量基本正常，饮水增多，蛋壳颜色正常，但产蛋率上升可能慢一些，鸡群无死亡，当产蛋率达 80% 左右，排便往往自然停止。③在排水便期间，药物治疗无效或暂时性有效，停药后复发。

2. 防治方法：①在育成后期，应把饲料中粗纤维的含量控制在合理的范围内，钙的含量不能太高，0.8% ~ 0.9% 比较合适，同时保证饲料的品质，防止霉变。②鸡群换料时，要逐渐过渡，一般在 5 ~ 7 天内换完，防止高石粉和高蛋白质饲料对肠道的刺激。③饲料中添加腐殖酸钠（每千克饲料 10 克）或益生素，有较好的防治作用。④鸡群患顽固性大肠杆菌、沙门氏菌以及病毒性肠炎，也能造成水样腹泻，此时投喂氟苯尼考加抗病毒中药，连喂 5 天即可好转。

（二）蛋鸡产蛋高峰期管理

现代蛋用鸡种产蛋高峰期较长，一般达 6 个月或更长；产蛋高峰期的产蛋量占全期产蛋量的 65% 以上、产蛋重量占总蛋量的 63% 以上。所以，蛋鸡产蛋期的饲养管理不容忽视。

1. 产蛋高峰期的饲养管理要点　见表 4–21。

表 4–21　产蛋高峰期的饲养管理

管理措施	方法与要求
适宜生产的环境条件	营养要满足产蛋与增重的需要。每日每只鸡采食粗蛋白质，轻型鸡 17 ~ 18 克，中型鸡 19 ~ 20 克；轻型鸡的代谢能不低于 1 225 千焦，中型鸡不低于 1 381 千焦 保证饲料质量的相对稳定。特别是日粮蛋白质、钙、磷、维生素 A、维生素 D_3、维生素 E 等的含量 定期检查体重和蛋重。每周检查鸡群的体重、蛋重，有助于及时了解营养状况和管理条件
保持稳定的饲养制度	产蛋期间每天的喂料时间、捡蛋时间、清粪时间等作业程序必须严格按照制度进行，切不可随意变更 饲养员要相对稳定，不能轻易更换，以免对鸡群产生不良应激
尽量避免应激反应	高峰期的产蛋有一定规律，高峰期产蛋率一旦下降就难以恢复。在日常管理中，避免产蛋鸡产生严重的应激反应

2. 产蛋高峰异常原因　在蛋鸡生产中，经常碰到一些鸡群不能进入产蛋高峰或产蛋高峰持续时间短，常见原因分析如下。

(1) 育成鸡不达标　由于受资金、场地、设备等因素的限制，或者饲养者片面追求饲养规模，育雏、育成期的饲养密度偏高。有的场(户)从进鸡到转群上笼饲养密度不变,早期不能按时分群，6 周龄的体尺、体重难以达标，直接影响育雏的质量。大部分鸡场没有育成笼，雏鸡在育雏舍养至 8 ～ 10 周龄，直接转入产蛋鸡舍。育雏后期舍内温度过高、通风不良，鸡过于拥挤。转入蛋鸡舍后，发育慢、个体小的鸡饮水困难；加之，应激大、管理不当、疾病等因素影响,导致鸡群均匀度差,平均体重低于标准下限，见蛋日龄参差不齐，产蛋率攀升的时间很长，表现为产蛋高峰上不去，高峰持续时间短，蛋重轻，死淘率高。

(2) 饲料质量问题　目前市场上销售的饲料，质量参差不齐，存在搀杂使假或有效成分含量不足的问题。大多数饲料代谢能偏低,粗蛋白质水平较高,但杂粕的比例偏高,蛋白质的利用率较低。饲料质量不稳定，如产蛋期饲料能量、蛋白质的突然变化，必需氨基酸缺乏，维生素不足，钙、磷不平衡，盐分过高或过低，微量元素添加剂得不到长期补偿等都对产蛋有明显影响。饲料卫生不达标，致病性大肠杆菌、沙门氏菌、霉菌等严重超标。饲料的适口性差、粒度过大或过小、灰分过高、发酸、水分过大、搅拌不均匀等都可引起产蛋性能降低。

(3) 饲养管理不科学

①温度控制：产蛋鸡舍的最佳温度为 18℃ ～ 21℃，寒冷季节鸡舍内温度降到 5℃以下，引起产蛋下降；炎热季节，降温措施不力，使鸡舍内温度超过 28℃以上，影响采食和产蛋。

②光照和饮水不足：最明显的就是处在产蛋高峰期的鸡，在炎热季节突然停电往往伴随着停水，对产蛋影响甚大。夏季断水

1 小时，机体需 24 小时补偿，且降低高峰期产蛋率 10% ~ 20%。

③管理粗放：喂料不及时，拌料不匀，水槽漏水并得不到清洗和经常消毒，带鸡消毒不科学，水质差等。

（4）疾病侵害　传染性支气管炎、非典型新城疫、鸡传染性鼻炎、温和型流感及大肠杆菌病均可使产蛋率下降。如果以上疾病并发感染，产蛋下降更明显。

（三）蛋鸡产蛋高峰过后的管理要点

在生产中，大多数养鸡场重视蛋鸡产蛋高峰期的管理，而当产蛋高峰过后，往往疏于管理，使产蛋鸡后期的生产性能得不到充分发挥，影响了经济效益。笔者根据多年的养鸡经验，浅谈一下蛋鸡产蛋高峰过后的管理要点（表 4–22）。

1. 适时减料降消耗　当鸡群产蛋高峰过后，产蛋率降至 80% 时，可适当进行减料，以降低饲料消耗。方法是：按每鸡减料 2.5 克，观察 3 ~ 4 天，看产蛋率下降是否正常（正常每周下降 1% 左右），如正常，则可再减 1 ~ 2 克，这样既不影响产蛋，又可减少饲料消耗，防止鸡体过肥。如产蛋量超过正常下降速度，须立即恢复饲喂量以免降低生产性能。

2. 分季节调节饲料营养　夏季气温高时，适当增加能量饲料、优质蛋白质和钙质饲料，同时补充维生素 C；冬季气温低于 10℃ 时，适当降低能量和蛋白质水平。

3. 适当增加饲料中钙和维生素 D_3 的含量　产蛋高峰过后，蛋壳品质往往很差，破蛋率增加，在每日下午 3 ~ 4 时，在饲料中额外添加贝壳砂或粗粒石灰石，可以加强夜间形成蛋壳的强度，有效地改善蛋壳品质。添加维生素 D_3 能促进钙、磷的吸收。

4. 添加氯化胆碱　在饲料中添加 0.1% ~ 0.15% 的氯化胆碱可以有效地防止蛋鸡肥胖和形成脂肪肝。

5. 保持充足的光照　每日光照时间 16 ~ 17 小时，光照强度

10 ~ 13 勒，可延长产蛋期。

6. 淘汰低产鸡　为提高产蛋率，降低饲料消耗，应及时淘汰经常休产的鸡、体重过大过肥或过小过瘦的鸡，以及病残鸡和过早停产、换羽的鸡。

表 4–22　产蛋后期母鸡的饲养管理

项　目		方法和要求
饲养管理的目标		使产蛋率尽量保持缓慢的下降，且要保证蛋壳的质量
饲养管理措施		①给蛋鸡提供适宜的环境条件，保持环境的稳定 ②对产蛋高峰过后的鸡进行限制饲养 ③蛋鸡淘汰前 2 周将光照时间增加到 18 小时
限制饲养	限饲时间	一般在产蛋高峰期过后 2 周
	限饲方法	①质的限饲。控制日粮能量和蛋白质水平，一般能量摄入量可以降低 5% ~ 10%，蛋白质水平降低至 12% ~ 14%。日粮中钙的配比增加到 3.6%，高温（33℃）时可提高到 3.7%，一般不宜超过 4% ②量的限饲。以减少不超过正常采食量的 10% 为宜
	限饲目的	①维持蛋鸡适宜的体重，有利于发挥潜力 ②降低饲料成本

（四）产蛋鸡的四季管理

1. 春　季

（1）管理重点　防止气温突然变化给鸡群造成的不良影响，同时必须加强卫生防疫管理。

（2）采取措施

①根据产蛋率的变化情况，及时调整日粮的营养水平，使之适合产蛋变化时鸡只的营养需求。

②防止因刮大风、倒春寒等现象造成鸡舍温度发生剧烈变化和鸡舍内气流速度过急引起的冷应激。在注意保暖的同时要适当通风换气，根据气温高低和风向决定开启窗户的次数。

③在初春时节对鸡场进行一次大扫除，并进行一次彻底的环境消毒工作。

④笼养时，要及时清除鸡笼下面的鸡粪，以减少疫病发生的机会。

⑤在鸡场周围种植树木和花草，在鸡舍周围种植攀缘植物，为夏季的防暑工作打好基础。

2. 夏　季

（1）管理重点　夏季管理的核心工作是防暑降温，并保证蛋鸡营养的足够摄入。

（2）采取措施

①鸡舍屋顶建筑材料采用隔热材料，将鸡舍地面和屋顶涂成白色，鸡舍内装有吊棚。尽量减少鸡舍所受到的辐射热和反射热。

②在鸡舍周围种植遮阴树木、攀缘植物，搭架遮阳棚。

③在每天中午 12 时至下午 3 时，向鸡舍屋顶、外墙及附近地面喷洒凉水。

④采取纵向通风，使鸡舍内的平均气流速度达到 1 米 / 秒以上，加强鸡舍内热量的排出。

⑤当温度超过 30℃时，采用湿帘和喷雾降温法。

⑥保证足够的饮水器和清洁的清凉饮水。

⑦降低鸡的饲养密度，一般笼养鸡可以减少 20% 左右。

⑧密闭鸡舍从上午 10 时至下午 5 时关灯停饲，让鸡只休息，进行夜间饲喂。

⑨根据鸡群采食量的变化及时调整日粮营养水平，每千克日粮能量降低 0.209 ~ 0.418 兆焦。饲料中添加 1% ~ 1.5% 的贝壳粉、牡蛎粉等。

⑩在日粮中添加抗热应激的添加剂，如可用 3% ~ 5% 的油脂代替日粮部分能量饲料，增加鸡只的净能摄入量。

⑪在饲料中添加 0.03% 的维生素 C 或者 0.5% 的碳酸氢钠、1% 的氯化铵，同时可以在饮水中添加补液盐等，以缓解热应激反应。

⑫ 调整饲喂方法，可采用两头饲喂法。在早晨天亮后 1 小时和傍晚后两个采食高峰期进行饲喂，有条件者也可以进行半夜加料。

⑬ 适当提高日粮蛋白质水平，例如代谢能为 11.30 兆焦／千克，粗蛋白质 18.4%，蛋氨酸 0.45% 或蛋氨酸 + 胱氨酸 0.91%，赖氨酸 0.85%。

⑭ 及时清除鸡粪。

3. 秋 季

(1) 管理重点 注意气温变化，防止鸡舍温度突然降低；注意人工补充光照；同时，要注意消灭蚊子和苍蝇等。

(2) 采取措施

①开放式鸡舍，注意补充人工光照，防止鸡群发生换羽。对处于产蛋后期开始换羽的母鸡，进行一次选择和调整，尽早淘汰换羽和停产较早的鸡只。

②在当年小母鸡尚未开产、老母鸡已经停产或产蛋率很低时，进行疫苗接种或驱虫，避免影响产蛋量。

③早秋天气闷热，降水量较大，鸡舍内湿度较高，白天要加强通风；深秋昼夜温差很大，应做好防寒保暖工作，适当降低鸡舍的通风换气量，避免冷空气侵袭鸡群而诱发呼吸道疾病。

④入冬前进行一次大扫除和大消毒，搞好环境卫生，消灭各种有害昆虫，清理其越冬的栖息场所。

4. 冬 季

(1) 管理重点 防寒保暖，一般要求鸡舍温度不低于 10℃；防止贼风侵袭，避免冷空气直接吹向鸡体。必要时，可采取供暖措施。在保持鸡舍温度的前提下，进行合理的通风换气。在饲料调配上，适当提高饲料的能量水平等。

（2）采取措施

①入冬前要维修鸡舍，保持屋顶、门窗、墙壁等的密闭性能，所有窗户钉上透明度好的塑料薄膜，有利于防寒。鸡舍门上挂上棉门帘，鸡舍屋顶铺设稻草、麦秸等。在鸡舍内用塑料布加吊顶棚。

②淘汰过于瘦弱的鸡只，尽量将其余鸡只调整到上、中层集中饲养。

③人工补充光照，总的光照时间不少于 16 小时。

④在保温的同时注意通风换气，选择每天中午温度升高、风力较小的时间通风换气，将南面向阳的窗户打开，每天 2 ～ 5 次，每次 10 分钟。

⑤调整日粮营养，提高日粮能量水平，每千克日粮能量增加 0.083 ～ 0.209 兆焦。

⑥适当增加鸡群的喂料量，其喂料量相当于温和季节日喂料量的 10% 左右。

（五）产蛋曲线分析

鸡群产蛋有一定的规律性，反映在整个产蛋期内产蛋率的变化有一定的规律。鸡群开产后，最初 5 ～ 6 周内产蛋率迅速增加，以后则平稳地下降至产蛋末期。产蛋曲线是将每周的日产蛋率的数字标在图纸上，将多点连接起来，即可得到。产蛋曲线的特点如下。

一是开产后产蛋迅速增加，此时产蛋率每周成倍增加，即 5%、10%、20%、40%，到达 40% 后则每周增加 20 个百分点，即 40%、60%、80%，在第六周或第七周，达产蛋高峰（产蛋率达 90% 以上）。产蛋高峰一般保持 8 周以上，高峰过后，曲线下降十分平稳，呈一条直线。标准曲线每周下降的幅度是相近的。一般每周下降不超过 1%（0.5% 左右），直到 72 周龄产蛋率下降至 65% ～ 70%。

二是如因饲养管理不当或疾病等应激引起的产蛋下降，产蛋率低于标准曲线是不能完全补偿的。如发生在产蛋曲线的上升阶段，则上升中断，产蛋曲线下降，永远达不到其标准高峰。同时，在产蛋曲线开始下降之前，曲线呈“弧形”，高峰低于标准曲线的百分比，以后每周产蛋将按等比例减少；产蛋下降如发生在产蛋曲线下降阶段，对产蛋量的影响不像上升阶段那么严重。总之，只有在良好的饲养管理条件下，鸡群的实际产蛋状况才能同标准曲线相当（图 4–6）。

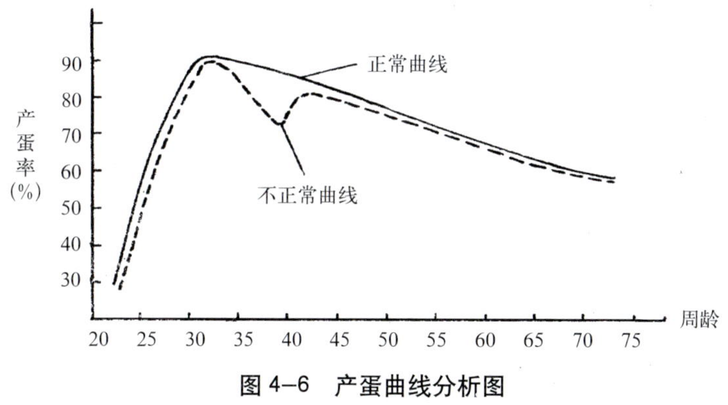

图 4–6　产蛋曲线分析图

（六）鸡群产蛋量突降的预防措施

1. 减少应激　在季节变换、天气异常时，应及时调节鸡舍的温度和改善通风条件。在饲料中补充适量的维生素 C 等，可减缓鸡群的应激。

2. 科学光照　产蛋期间应严格遵循科学的光照制度，避免不规律的光照。产蛋期间光照时间为每天 14 ～ 16 小时。

3. 经常检修饮水系统　应做到经常检查饮水系统，发现漏水或堵塞现象应及时维修。

4. 合理供料　选择安全可靠、品质稳定的配合饲料，日粮中要求有足量的蛋白质、蛋氨酸和维生素及磷、钙等矿物质。同时，

要避免突然更换饲料。如必须更换，应当采取逐渐更换法，即先更换 1/3，再换 1/2，然后换 2/3，固定喂料次数，按时喂料，不要突然减少喂料量或限饲，同时应根据季节变化来调整喂料量，并全部换完。

5. 做好环境卫生工作　接种疫苗应在鸡的育雏及育成期进行，不投喂对产蛋有影响的药物。保证鸡舍卫生状况良好，每周进行 1 ~ 2 次常规消毒，如出现疫情每天消毒 1 ~ 2 次。可用 0.1% 威岛牌消毒剂或其他安全的消毒剂对鸡舍顶棚、墙壁、地面及用具等进行喷雾消毒。

6. 搞好鸡舍内温度、湿度及通风换气等管理　通常鸡舍内的适宜温度为 5℃ ~ 25℃，相对湿度控制在 55% ~ 65%。同时，应保持鸡舍内空气新鲜，在无检测仪器的条件下以人进鸡舍感觉不刺眼、不流泪、无臭气味为宜。

7. 注意日常观察　注意观察鸡群的采食、粪便、羽毛、鸡冠、呼吸等状况，发现问题，及时解决。

（七）降低鸡蛋破损率的饲养管理方法

1. 破损蛋产生的原因　破损蛋的产生与鸡只自身状况、饲料营养水平、外界环境、饲养管理技术、仪器设备等多种等多种因素有关（表 4–23）。

表 4–23　母鸡破损蛋产生的原因

因　素		原因与影响
鸡只自身状况	品种与品系	蛋壳强度受遗传的影响，不同品种、品系之间有一定的差异。一般褐壳蛋破损率低于白壳蛋，高产鸡的破损率高于低产鸡
	周　龄	随着周龄的增长，蛋重逐渐增加，蛋的表面积增大，蛋壳的相对重减少，因而蛋壳变薄，强度降低，破损率也随着增高
	健康状况	多种疾病对蛋壳的质量都有影响。例如，产蛋下降综合征、传染性支气管炎、输卵管炎等疾病，都会使蛋壳变薄，甚至产软蛋

续表 4–23

因　素		原因与影响
饲料营养		饲料中钙、磷和维生素 D_3。日粮中钙的含量以 3% ~ 4% 为宜，总磷含量 0.45% ~ 0.6%，维生素 D_3 不低于 500 单位 饲料中锰的浓度不应低于 20 毫克 / 千克
外界环境		鸡舍的温度对蛋壳的影响很大，炎热季节蛋壳比其他季节薄 5% 左右
饲养管理工作	人员责任心	在捡蛋、码放、搬运、过秤等操作时的不规范操作
	操作程序与工具	饲养密度过大，捡蛋次数少、蛋托、蛋箱质量不良
	应激因素	饲养管理作业程序的突然变更，鸡不能安静产蛋，或改变产蛋姿势等
仪器设备		设备的完好状况对鸡蛋破损率影响很大。例如，底网坡度过大（大于 10°）时，鸡蛋从笼里滚出的速度过快，撞击力大，将增加蛋的破损率。底网坡度小于 7° 时，蛋在笼里不易滚出来，导致被鸡踩破或啄破

2. *降低破损蛋的主要措施*　除避免上述产生碰坏的因素外，还要采取以下措施：

①选择蛋壳品质好的品种。

②自己配料时，要严格按照饲养标准配制日粮，保证原料品质，并搅拌均匀，保证添加剂活性。

③高温季节要采取有效的防暑降温措施，并适当提高营养物质的浓度，特别是钙、磷、维生素 D_3 等。

④老鸡淘汰后，要彻底检修笼具设备，平时应经常检查笼具设备的情况，损坏、变形时要及时修复。

⑤保持鸡舍环境的安静，防止鸡只惊群。

⑥产蛋高峰期蛋多时，要增加捡蛋次数。

⑦在滚蛋网内侧加一层薄的塑料泡沫垫，有助于降低破损率。

⑧在做捡蛋、码蛋、装箱、过秤、运输等工作时，动作要轻柔。

⑨下午最后 1 次添料时，添加一些颗粒状贝壳粉或石粉，可使鸡只在夜间保持足够的血钙浓度，有利于蛋壳的形成。

⑩对产蛋后期的鸡采取强制换羽措施，重新开产后蛋壳质量将得到改善。

各种畸形蛋见图 4–7。

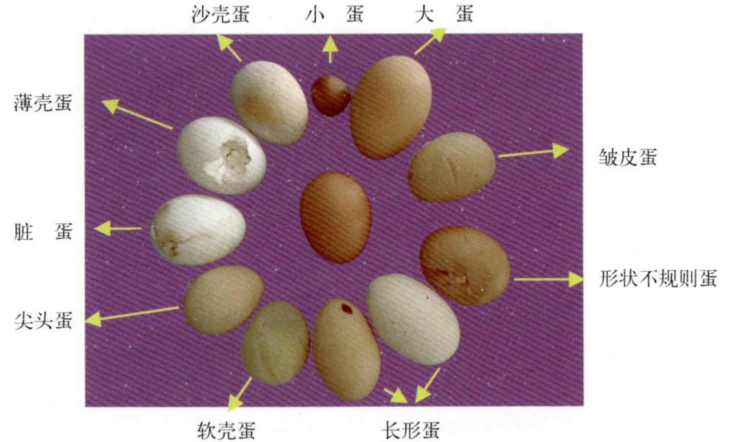

图 4–7　各种鸡蛋的对比

第五章 标准化蛋鸡场疫病综合防控技术

第一节 目前我国蛋鸡疫病特点和防控要点

一、疫病特点

（一）鸡病种类越来越多，防治难度不断增大

当前对我国养鸡业构成威胁和造成危害的疾病种类很多，占蛋鸡总死亡率的5%～10%，涉及病毒病、细菌病、寄生虫病、营养代谢病和中毒性疾病等。其中病毒性疾病最多，约占疾病总数的60%，细菌性疾病占15%，非传染性疾病占25%。

（二）病原发生变化，疾病症状非典型化

在疫病的流行过程中，由于多种因素的影响导致病原的毒力发生变化，出现新的亚型，其变异速度加快。非典型新城疫仅表现产蛋量下降和慢性死亡较多，其他症状不明显，呈现非典型性。传染性法氏囊病毒和马立克氏病毒都出现了超强毒株的报道，鸡传染性支气管炎除了呼吸型又出现了腺胃型。

（三）混合感染不断发生，病症越发复杂

不同病原混合感染因病原间存在协同致病作用，引起鸡发病甚至死亡。如大肠杆菌、支原体等病原和各种呼吸道病毒及不良环境协同作用引起的严重困扰养鸡业的呼吸道综合征或复合慢性呼吸道病，若同时存在免疫抑制性疾病，则使呼吸道综合征异常严重；病毒和寄生虫同时发生，如新城疫和球虫病；细菌和寄生虫同时发生，如大肠杆菌病和球虫病；遗传因素和饲养管理导致疾病的发生，如呼吸系统疾病等。混合感染的发生，使得临床诊

断越发困难，疾病症状越发复杂，治疗也更加困难。

（四）免疫抑制性疾病增多

免疫抑制可由传染病、不良环境、营养缺乏和应激等造成。但最主要的因素是传染性疾病，包括禽白血病、网状内皮组织增生、传染性法氏囊病、马立克氏病、鸡传染性贫血、沙门氏菌病、鸡球虫病等。鸡群感染后，不仅由于发病造成直接经济损失，而且发生免疫抑制，对其他病原易感性增加，对多种疫苗免疫应答下降，甚至导致免疫失败，间接损失不可低估。在我国种鸡群总体净化不力和非 SPF 胚来源的疫苗大量应用的情况下，更增加了免疫抑制性疾病的流行程度和防治难度。

二、防控要点

（一）保持良好的鸡场环境

由于鸡群密集、通风不良、寒冷季节温度变化剧烈，导致了呼吸道疾病的发生；病鸡的分泌物、排泄物等污染了水源、饲料和周围环境，导致了消化道疾病的传播；共用设备与用具不注意消毒，如饲料袋、蛋箱、鸡笼、运输车等各舍间串用，场内与场外混用，也导致了传染病的发生。所以，良好的生产环境是疫病防控的基础。

（二）鸡群保持良好的生产状态

1．鸡群的免疫水平　许多鸡的传染病可用接种疫苗进行预防、免疫，其效果与疫苗的种类、质量有关，也与免疫接种技术、免疫程序的合理程度等诸多因素有关。就目前而言，对某些传染病搞好免疫接种是提高鸡群免疫力的关键。

2．鸡群的饲养管理　良好的饲养管理是保证鸡群健康的基础。如环境不良，空气质量不好，鸡群拥挤密度大，饲料营养水平达不到要求都会降低鸡体的抵抗力，使鸡只对疫病的易感性增高。

3. 鸡群的状态　不同日龄、不同品种的鸡对疫病的抵抗力也不同，成年鸡一般较雏鸡抵抗力强，但初生雏由于母源抗体的作用，对某些传染病有一定的抵抗力。鸡体的某些器官受损伤程度也与易感性有关，如法氏囊对鸡只早期的免疫机制有重要作用，如患过法氏囊炎的鸡只，可能造成免疫功能下降或消失。要提高鸡群的免疫水平，加强饲养管理，使鸡群保持良好的状态。

第二节　常用消毒剂与消毒方法

一、常用消毒剂

理想的化学消毒剂应是杀菌性能高，低浓度便可杀灭微生物；同时作用迅速，可在低温下使用；无色、无味、无臭，消毒后易于除去残留药物，对人和鸡无副作用；价格适宜，易于购买；性能稳定；无异味，并可溶于水中；对金属、木材、塑料制品都无腐蚀作用；无易燃易爆性，使用安全；不会因外界存在有机物、蛋白质、渗出液而影响杀菌效果。但目前条件下各种消毒剂都有一些缺点，在无公害蛋鸡生产中不许使用酚类消毒剂，在产蛋期禁止使用酚类、醛类消毒剂。使用时要根据情况选择较合适的消毒剂。

1. 氢氧化钠

常用浓度：2% ～ 4% 溶液。

用途：鸡舍、鸡笼、非金属用具、消毒池消毒。

注意事项：氢氧化钠对皮肤有腐蚀作用，操作时应佩戴防护眼镜、手套和工作服；对金属制品有腐蚀性，铝制品的设备和器具不能用于盛放氢氧化钠消毒剂。

2. 石　灰

常用浓度：10% ～ 20% 石灰乳。

用途：粉刷鸡舍墙壁、地面，或直接用于被消毒的液体中，撒在阴湿地面、粪池周围及污水沟等处进行消毒。

注意事项：会吸收空气中的二氧化碳而变成碳酸钙，失去消毒作用，所以应现配现用。

3. 漂 白 粉

常用浓度：1% ~ 3% 溶液。

用途：用于料槽、饮水器和其他非金属制品的消毒。

常用浓度：5% ~ 20% 乳剂。

用途：用于鸡舍墙壁、地面的消毒。

常用浓度：6 ~ 10 克 / 米 ^{3}。

用途：用于饮水消毒，搅拌均匀后 30 分钟即可饮用。

注意事项：漂白粉对金属制品有腐蚀性，对棉毛等纺织品有褪色漂白作用。

4. 高锰酸钾

常用浓度：0.1% 低浓度。

用途：用于鸡群的饮水消毒。

常用浓度：2% ~ 5% 高浓度。

用途：可在 24 小时内杀灭细菌芽孢，用于浸泡消毒。

常用浓度：原品。

用途：高锰酸钾同 40% 甲醛溶液相混合可用于鸡舍、化验室、更衣室等空间消毒。

注意事项：在酸性溶液中可明显提高其杀菌作用，如在 0.1% 溶液中加入 1% 盐酸，只需 30 秒钟即可杀灭细菌芽孢。高锰酸钾易被有机物分解，还原为无杀毒能力的二氧化锰。

5. 新洁尔灭

常用浓度：0.1% ~ 1% 溶液。

用途：用于手臂洗涤和操作器械及用具浸泡消毒。

注意事项：浸泡时的水温要求 40℃ ~ 43℃，浸泡时间不应超过 3 分钟。不宜用于饮水、粪便和污水的消毒，不可与碘、碘化钾和过氧化氢等消毒剂配合使用。

6. 来苏儿（煤酚皂）

常用浓度：1% ~ 2% 溶液。

用途：工作人员手臂消毒。

常用浓度：3% ~ 5% 溶液。

用途：鸡舍墙壁、地面、鸡舍内用具的洗刷消毒和运料及运鸡车的喷雾消毒；也可作为消毒池内的消毒液。

注意事项：因其有臭味，不可用作鸡蛋、鸡体表及产品库房的消毒，经来苏儿消毒的物体，须再用清水冲洗 1 次。

7. 复 合 酚

常用浓度：0.3% ~ 1% 溶液。

用途：用于鸡舍、笼具、路面、运输车辆和病鸡排泄物的消毒。若环境污染特别严重，可适当增加浓度和消毒次数。

注意事项：复合酚禁止与碱性药物或消毒剂混用。

8. 过氧乙酸

常用浓度：0.5% 溶液。

用途：用于鸡舍、料槽、车辆等用具的喷洒消毒。

常用浓度：0.04% ~ 0.2% 溶液。

用途：用于塑料、玻璃、搪瓷和橡胶制品的短时间浸泡消毒。

常用浓度：5%，2.5 毫升 / 米^3。

用途：喷雾消毒密闭的实验室、无菌间、仓库等。

常用浓度：3%，30 毫升 / 米^3。

用途：用于 10 日龄以上鸡的带鸡消毒。

9. 菌毒清、百毒杀

常用浓度：0.5 ~ 1 毫升 /10 升（10000 ~ 20000 倍液）。

用途：用于鸡群日常预防性饮水消毒。

常用浓度：1 ~ 2 毫升 /10 升（5 000 ~ 10 000 倍液）。

用途：用于有疫情发生时的饮水消毒，连续消毒饮用水 7 天。

常用浓度：3 毫升 /10 升（3 000 倍液）。

用途：用于鸡舍、饲养用具喷雾、冲洗消毒。

常用浓度：3 ~ 5 毫升。

用途：设备喷雾、冲洗、浸泡消毒。

常用浓度：10 毫升 /10 升（1 000 倍液）。

用途：用于有疫情发生时的鸡舍、器具和笼具消毒。

10. 甲　醛

常用浓度：40% 溶液，20 毫升 / 米^{3}空间；

用途：用于鸡舍熏蒸消毒。

常用浓度：2% 溶液，13 毫升 /100 米^2；

用途：用于地面消毒。

常用浓度：3% ~ 4% 溶液；

用途：用于洗刷和浸泡消毒器具。

注意事项：舍内温度不低于 15℃，相对湿度 60% ~ 80%，消毒时间为 8 ~ 10 小时。

11. 酒　精

常用浓度：70% ~ 75% 溶液。

用途：常用于皮肤和器械（如针头、体温计等）的消毒。

12. 碘酊（碘酒）

常用浓度：2% ~ 5% 溶液。

用途：用于皮肤消毒。

二、鸡场消毒技术

（一）鸡舍消毒

现代化养鸡生产中，都强调采用全进全出的饲养管理方式。

在鸡群转群、销售、淘汰后，鸡舍成为空舍，这是鸡舍中能彻底消毒，消灭上批养鸡过程中蓄积的细菌、病毒、球虫卵囊等一切病原体的唯一有利时机。

1．空舍消毒

（1）清转　将所有的鸡（包括活的、死的、逃出的）全部清转。清转鸡的同时，马上开始实施蚊蝇、蟑螂等昆虫及啮齿动物（老鼠）的控制方案。

（2）清扫　在鸡舍外把风扇和进风口清理干净。在鸡舍内，采用扫、涮或真空吸尘的方法，清除设施、设备上的尘土、料痂、粪便和垫料。清扫前应关掉所有设备的电源，用高压空气或刷子清扫不能移动的机器和开关等。可在清扫前，稍洒一点含有消毒剂的水，有助于减少灰尘飞扬。

（3）清洗　清洗包括浸泡、清洗和冲洗等方法。最好使用热水。常在清洗的用水中加入清洁剂或其他表面活性剂，用以除去碎片和薄膜，这样才能使清洗液易进入物体。

清扫和清洗是非常必要和十分有益的。经过认真彻底清扫和清洗，不但可以清除 80% ~ 90% 的病原体，而且可大大减少粪便等有机物的数量，有利于化学消毒剂发挥作用。彻底清洗完毕，整修、检查合格后进行化学消毒。

（4）整修　冲洗之后，进行地面、门窗和各种设备的整修。

（5）检查　管理人员和兽医对上述工作进行眼观检查，不合格的重复上一步工作，直至合格。

（6）化学消毒　冲洗干燥后进行化学消毒。空舍消毒使用 2 种或 3 种不同类型的消毒药进行 2 次或 3 次消毒。一般，第一次消毒可用碱性消毒剂，如适当浓度的氢氧化钠或 10% 的石灰乳。第二次消毒可用酚类、卤素类、表面活性剂或氧化剂（如过氧乙酸），进行喷雾消毒。第三次用 40% 甲醛溶液熏蒸消毒。甲醛消

毒时应关闭门窗，至少密闭 24 小时以上，通风换气。

空舍消毒的注意事项：①清扫、冲洗、消毒按顺序进行，一般是先顶棚、后墙壁再地面。从鸡舍的远离门口的一边到靠近门口的一边，先舍内后环境，不留下死角和空白。用生石灰粉刷墙壁和地面，应使用宽度不超过 20 厘米的排刷认真粉刷，不用扫帚等宽大的“刷子”连刷带洒，敷衍了事。②清扫出来的粪便、灰尘要集中处理，使用过的消毒液也要排放到下水道中，不能随意堆弃。③各次消毒的间隔，应在每次冲洗、消毒干燥后，再进行下一次消毒。因为，在湿润状态下，喷洒的消毒药浓度比规定的浓度要低，特别是地面、墙壁等的微小空隙中充满了水滴，消毒药浸透不进去，消毒效果差。

2. 带鸡消毒　所谓带鸡喷雾消毒技术，即在鸡舍进鸡后至出舍的整个存养期内定期使用有效消毒剂对鸡舍内环境和鸡体表喷雾，以杀灭或减少病原微生物，达到预防性消毒的目的（图 5–1）。

（1）带鸡喷雾消毒的作用

①全面消毒：带鸡喷雾消毒彻底、全面，既能直接杀灭隐藏于鸡舍内环境包括空气在内的病原微生物，又能直接杀灭鸡体表、呼吸道浅表滞留的病原微生物。对于目前疫苗预防效果不甚理想的马立克氏病、传染性法氏囊病和鸡新城疫有良好的预防作用，对常见的细菌性疾病如葡萄球菌病、大肠杆菌病和沙门氏菌病等也有良好的防治作用。

②沉降粉尘作用：适当消毒剂所形成的气雾粒子能黏附空气中的尘埃，沉落地面干燥后不再扬起，这样可减少空气中的粉尘，降低粉尘对鸡只呼吸道的刺激和损伤作用，避免诱发呼吸道疾病。

③夏季防暑降温：冷水喷雾消毒，靠水温的调节作用及水分蒸发带走热量，这对鸡舍、鸡体有冷却降温的功效。

④提供湿度：带鸡喷雾消毒起了供湿的作用，避免雏鸡高温

脱水死亡，有助于鸡体生长发育。

⑤喷雾消毒使鸡体体表羽毛洁白、皮肤洁净。

（2）鸡体消毒的注意事项

最好2种消毒液交替使用，对杀死病原微生物较有效。育雏期每7～10天消毒1次，最少不低于10天，育成鸡每10～15天消毒1次，成年鸡每7～10天消毒1次，药液的浓度和剂量要准确把握。消毒时间可依据疫病发生情况及鸡舍污染情况而定。平时可做预防性消毒，如有疫病发生则需临时消毒，疫区解除封锁后还要进行彻底大消毒。

图5–1　带鸡喷雾消毒

3. 工作人员的消毒　各舍工作人员要固定，工作人员出入鸡舍要洗衣、换衣，甚至洗澡，穿戴消毒后的工作服、鞋帽，并在消毒池消毒后才能进入鸡舍。衣服要定期清洗消毒，平时放在有紫外线照射消毒的地方。工作人员在接触鸡、饲料前或接触病死鸡后，都要用1%新洁尔灭洗手消毒（图5–2）。鸡场场门经常关闭，饲养期和空舍期均谢绝参观。

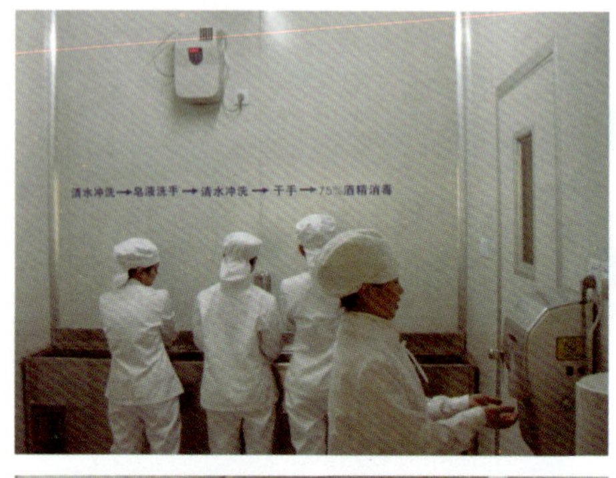

图 5-2　人员消毒

4. *设备用具的消毒*　塑料制成的料槽与自流饮水器，可先用水冲刷，洗净晒干后再用 0.1% 新洁尔灭刷洗消毒。在鸡舍熏蒸前送回去，再经熏蒸消毒。

反复使用的蛋箱与蛋托，特别是送到销售点又返回的蛋箱，用 2% 氢氧化钠热溶液浸泡，洗刷，清水冲洗，晾干后再送回鸡舍。

第三节　免疫接种技术

一、优化免疫程序

免疫程序是根据鸡群的实际情况选用疫苗，并按疫苗的特性合理安排预防接种时间、方法、次数。科学的免疫程序应根据许多因素综合分析制定，如本地疫病发生情况、鸡群生产规模、当地传染病流行特点、母源抗体和前次免疫接种后的抗体水平、免疫接种方法、鸡的免疫应答能力等，绝不能凭主观判断或直接从别的地方抄袭。另外，所制定的程序还要根据实际应用效果、免疫变化、鸡群动态，不断地总结和修订。同时，也要注意疫苗类型和接种途径对家禽免疫力的影响，不同疫苗的免疫源性和毒性会有所不同，原则上选择免疫源性好，毒力较弱的疫苗；接种途径不同，免疫效果也不同，应选择产生免疫效果好，操作简便，易于大规模免疫的方法。表 5–2 推荐一免疫程序，供参考。

表 5–2　商品蛋鸡免疫程序

日　龄	疫　苗	用法和用量	
1	MD–CVI 988 液氮苗	颈部皮下注射	1 羽份
1 ~ 3	新支二联苗	气雾、滴鼻或点眼	1 ~ 2 羽份
9 ~ 10	新支二联苗	滴鼻或点眼	1 ~ 2 羽份
	新城疫灭活疫苗	颈部皮下注射	0.3 毫升
10 ~ 12	鸡传染性法氏囊病活疫苗	滴口或饮水	1 ~ 2 羽份
15 ~ 16	鸡毒支原体活疫苗	点眼	1 羽份
	禽流感（H5、H9）二价灭活疫苗	颈部皮下注射	0.3 毫升
18 ~ 20	鸡传染性法氏囊病活疫苗	滴口或饮水	1 ~ 2 羽份
20 ~ 30	鸡痘活疫苗	无毛处刺种	1 羽份
30 ~ 40	鸡传染性喉气管炎活疫苗	点眼、涂肛	1 羽份
35 ~ 40	L–H52 二联活疫苗	滴鼻或饮水	1 ~ 3 羽份
	新城疫灭活疫苗	颈部皮下注射	0.5 毫升
40 ~ 45	鸡传染性鼻炎灭活疫苗	颈部皮下注射	0.5 毫升

续表 5–2

日　龄	疫　苗	用法和用量	
60 ~ 70	新城疫 I–H52 二联活疫苗	肌内或皮下注射	1 ~ 2 羽份
	禽流感（H5、H9）二联灭活疫苗	颈部皮下注射	0.5 毫升
80 ~ 90	鸡传染性喉气管炎活疫苗	点眼、涂肛	1 羽份
100	鸡痘活疫苗	刺　种	1 羽份
	鸡传染性鼻炎灭活疫苗	颈部皮下注射	0.5 毫升
	鸡毒支原体活疫苗	点　眼	1 羽份
110	禽流感（H5、H9）二联灭活疫苗	颈部或腹股沟皮下注射	0.5 毫升
120	新城疫克隆 I 活疫苗	喷喉或注射	2–3 羽份
	新 – 支 – 减三联灭活疫苗	颈部皮下注射	0.5 毫升
140 ~ 150	新城疫 I–H52 二联活疫苗	注射、饮水	1 ~ 2 羽份
180 ~ 200	新城疫克隆 I 活疫苗	饮水、喷喉、注射	2 ~ 3 羽份
	新城疫 – 禽流感 (H9) 二联灭活疫苗	颈部皮下注射	0.5 毫升
	禽流感 (H5) 灭活疫苗	颈部皮下或浅层肌内注射	0.5 毫升

二、免疫操作方法

蛋鸡的免疫方法可分为群体免疫法和个体免疫法。前者包括气雾、饮水、拌料、浸嘴法等；后者包括注射、刺种、涂擦、点眼、滴鼻等。

（一）注 射 法

根据疫苗注入的组织不同，分为皮下注射法和肌内注射法。常用于灭活疫苗的免疫。

1. *皮下注射法*　皮下注射的部位在鸡的颈背部，局部消毒后，用食指和拇指将颈背部皮肤捏起呈三角形，针头近于水平刺入，按量注入即可（图 5–3）。

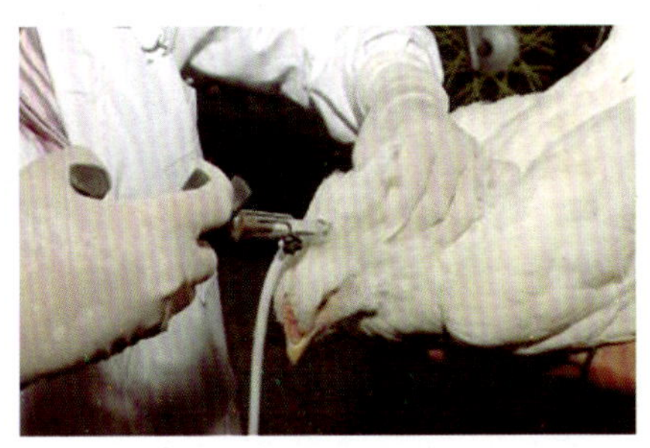

图 5–3 皮下注射免疫

2. 肌内注射法 肌内注射的部位有胸肌和大腿肌。胸肌注射时应沿胸肌呈 45° 角斜向刺入，避免与胸部垂直刺入误伤内脏，同时也不能与胸肌呈垂直角度刺入，否则会使胸部形成肉瘤，胸肌注射法适用于成鸡。腿肌注射，因大腿内侧神经、血管丰富，容易刺伤甚至死亡，故应在大腿外侧接种。这种方法可用于雏鸡。但腿肌注射，虽然操作十分小心，仍往往造成跛行。

（二）滴鼻、点眼法

滴鼻、点眼免疫能确保每只鸡得到准确疫苗量，达到快速免疫，形成很好的局部免疫，常用于弱毒活疫苗的接种，如鸡新城疫Ⅱ系、鸡新城疫 Lasota 系疫苗、传染性支气管炎疫苗及传染性喉气管炎弱毒型疫苗；适用于任何鸡龄，对于幼雏来说，这种方法可以避免或减少疫苗病毒被母源抗体的中和，免疫效果较好。具体操作时，将 1 000 羽份的疫苗稀释于 56 ～ 60 毫升的生理盐水中，每只鸡的眼、鼻各滴 1 滴，免疫时应在饲料或饮水中加多维电解质，以减少应激的发生（图 5–4）。

操作时注意事项：①使用厂家配套的稀释液和滴头。②配制疫苗时摇动不要太剧烈。③疫苗现配现用，2 小时内用完。④疫苗避免受热和阳光照射。⑤点眼时滴头距离鸡眼 1 厘米，以防戳伤鸡眼。⑥滴鼻时，用食指封住一侧鼻孔，以便疫苗滴能快速吸入。

⑦滴鼻、点眼时，待疫苗在眼或鼻孔吸收后再放开鸡。⑧免疫接种后的废弃物应焚毁。

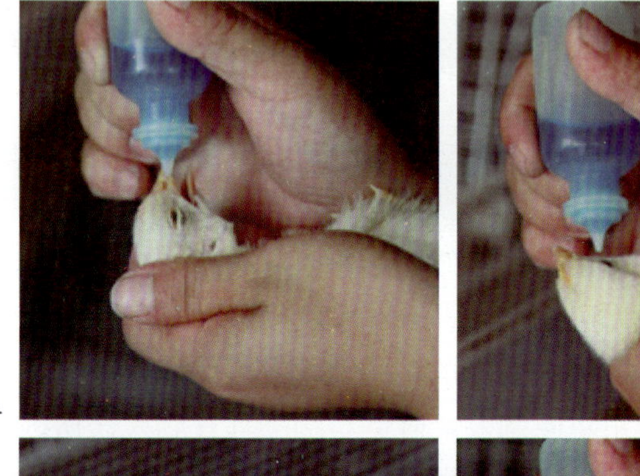
滴鼻

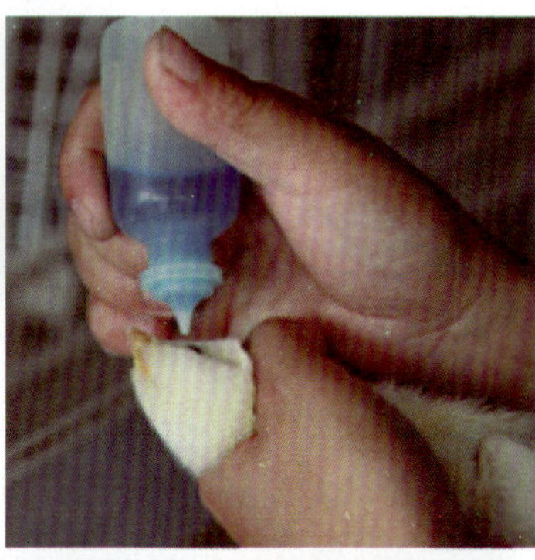
点眼

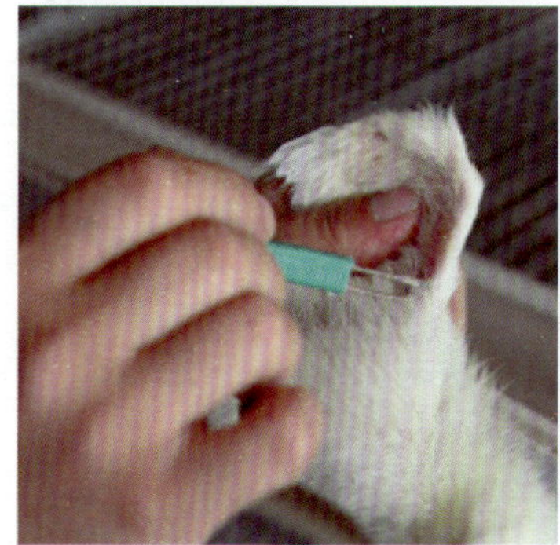
刺种

点嘴

图 5–4　滴鼻、点眼、刺种、点嘴免疫

滴鼻：用专用稀释液或灭菌蒸馏水稀释疫苗，疫苗要完全吸收、滴头与鸡体不能直接接触；稀释好的疫苗液要在 30 分钟内用完。

点眼：滴眼后等鸡做完一个眨眼动作药液完全进入眼中吸收后再松手，否则药液只在眼球表面，鸡很容易甩头把药液甩出去。

刺种：刺种部位在鸡翅翼膜内侧中央，严禁刺入肌肉、血管、关节等部位；疫苗液必须浸过刺种槽；刺种针应垂直向下刺入；稀释好的疫苗要在 1 小时内用完。

点嘴：稀释疫苗应用生理盐水，咸味可促使鸡下咽；对较大的鸡应使用连续注射器；不要直接向喉咙部位滴灌，防止鸡咳出，影响免疫效果；滴嘴前后，应停止饲喂 1 小时。

（三）刺 种 法

多用于鸡痘疫苗的接种，将 1 000 羽份的疫苗稀释于 25 毫升的生理盐水中，用接种针或蘸水笔尖蘸取并刺种于鸡翅膀内侧无血管处的翼膜内，通过在穿刺部位的皮肤处增殖产生免疫，雏鸡刺种 1 针，较大的鸡刺种 2 针即可。

（四）饮水免疫法

是一种便捷的接种方法，在生产中应用较多，适用于饮水法的有鸡新城疫Ⅱ系、鸡新城疫 Lasota 系疫苗、传染性支气管炎疫苗、传染性法氏囊病疫苗等，将一定量疫苗放入水中让鸡自由饮用，通过吞咽后的疫苗，病毒离子经腭裂、鼻腔、肠道，产生局部免疫及全身免疫。比个体免疫省时省力，但饮疫苗量多少不均匀，不适用于初次免疫（图 5–5）。

图 5–5　饮水免疫设备

饮水免疫注意事项：

一是疫苗选择。高效价的活毒弱疫苗，如鸡新城疫弱毒疫苗、鸡传染性法氏囊病弱毒疫苗、鸡传染性支气管炎弱毒疫苗等。

二是疫苗稀释。可用深井水或凉开水，按说明浓度进行稀释。水中添加 0.3% ~ 0.5% 的脱脂奶粉，饮水的器皿可用瓷器和无毒塑料容器。

三是适当停水。为让鸡有一定的口渴感，应提前 2 ~ 3 小时停止供水，确保家禽在 30 分钟内将疫苗稀释液饮完。

（五）气雾法

气雾法适用于密集鸡群的免疫，使用方便，节省人力。疫苗的稀释以蒸馏水为好，最好加入 0.1% 的脱脂奶粉或 3% ~ 5% 甘油，疫苗量应加倍。此法是通过气雾发生器，使稀释的疫苗液形成直径为 5 ~ 10 微米的雾化粒子，均匀地悬浮于空气中，随呼吸进入鸡体内。雾滴大小要适中，一般要求喷出的雾粒在 70% 以上，雾粒的直径应在 1 ~ 10 微米。喷雾时房舍要密闭，要遮蔽直射阳光，保持一定的温湿度，最好在夜间鸡群密集时进行，待 10 ~ 15 分钟后打开门窗。气雾免疫接种对鸡群的干扰较大，尤其会加重鸡病毒、支原体及大肠杆菌引起的气囊炎，应予以注意(图 5–6)。

图 5–6　气雾消毒法

三、接种疫苗时应注意的事项

疫苗的稀释倍数、剂量和接种方法等，都要严格按照说明书规定进行。

疫苗应现配现用，稀释时绝对不能用热水，稀释的疫苗不可置于阳光下暴晒，应放在阴凉处，且必须在 2 小时内尽快用完。

鸡群健康状况良好的情况下接种，才能取得预期的免疫效果。对环境恶劣、疾病、营养缺乏等情况下的鸡群接种，往往效果不佳。

要妥善保管、运输疫苗。生物药品怕热，特别是弱毒苗必须低温冷藏，要求在 0℃以下，灭活苗保存在 4℃左右为宜。要防止温度忽高忽低，运输时要有冷藏设备。若疫苗保管不当，如：不用冷藏瓶提取疫苗，存放时间过久而超过有效期，或冰箱冷藏条件差，均会使疫苗降低力，影响免疫效果。

接种疫苗时，要注意母源抗体和其他病毒感染时，对疫苗接种的干扰和抗体产生的抑制作用，要选择恰当的时间接种疫苗。

对接种用具必须事先按规定消毒。遵守无菌操作要求，接种后所用容器、用具也必须进行消毒，以防感染其他鸡群。

注意接种某些疫苗时能用和禁用的药物。如在接种禽霍乱活菌苗前后 5 天，应停止使用抗生素和磺胺类药物；而在接种病毒性疫苗时，在前 2 天和后 5 天要用抗菌药物，以防接种应激引起其他病毒感染；各种疫苗接种前后，均应在饲料中添加比平时多 1 倍的维生素以保持鸡群强健的体质。

气雾法免疫时，操作人员要做好自身的防护工作，如戴上防毒面罩或口罩，穿上防毒服装等。

此外，由于同一鸡群中个体的抗体水平不一致，体质也不一样，因此，同一种疫苗接种后反应和产生的免疫力也不一样。所以，单靠接种疫苗扑灭传染病往往有一定的困难，必须配合综合性防疫措施，才能取得预期的效果。

第四节 废弃物无害化处理

一、鸡粪的无害化处理

鸡粪的发酵处理是利用各种微生物的活动来分解鸡粪中的有机成分，可以有效地提高这些有机物质的利用率。在发酵过程中形成的特殊理化环境可基本杀灭鸡粪中的病原体。根据发酵过程中依靠的主要微生物种类不同，可分为有氧发酵和厌氧发酵两类

处理，而生产中最为常用的是堆肥处理。

堆肥是一种比较传统的简便方法，是指富含氮有机物与富含碳有机物（秸秆等）在好氧、嗜热性微生物的作用下转化为腐殖质、微生物及有机残渣的过程。在堆肥发酵的过程中，大量无机氮被转化为有机氮的形式固定下来，形成了比较稳定、一致且基本无臭味的产物，即以腐殖质为主的堆肥。在发酵过程中，粗蛋白质也大量被分解。据估测，粗蛋白质的含量在堆肥处理后下降40%，因此堆肥不适于作饲料，而被用作一种肥效持久、能改善土壤结构、保持地力的优质有机肥。

堆肥发酵需要的主要条件有：①氧气。为保证好氧微生物的活动，需要提供足够的氧气，一般要求在堆肥混合物中有25% ~ 30% 的自由空间。为此，要求用膨松的秸秆材料与鸡粪混合，并在发酵过程中经常翻动发酵物。②适当的碳氮比。一般要求该比例为 30∶1，可通过加入秸秆量来调节。③湿度控制在40% ~ 50%。④温度保持在 60℃ ~ 70℃，这是监测堆肥发酵过程正常进行的重要指标。在其他条件均适合的情况下，好氧微生物迅速增殖活动，代谢过程产生的热量使发酵物内部温度上升。在此温度条件下，可以基本杀灭有害病原体（图 5–7）。

堆肥处理方法简单，处理费用低廉，生产出的有机腐殖质肥料利用价值很高。加上可以与死鸡的处理结合起来，因此具有很大的推广价值。

图 5–7　鸡粪发酵生产有机肥

二、病死鸡的无害化处理

建立病鸡淘汰制度，病死鸡尸体要及时处理，严禁随意丢弃，严禁出售或作为饲料再利用。病死鸡尸体处理应采用焚烧或深坑掩埋的方法。在养鸡场比较集中的地区，应集中设置焚烧炉，对烟气采取净化措施，防止烟尘、一氧化碳、恶臭等对周围大气环境的污染（图 5–8）。

图 5–8　病死鸡深埋与焚烧处理

第六章　标准化蛋鸡场生产与经营管理

第一节　蛋鸡场生产管理

一、蛋鸡场生产计划制定

蛋鸡场的计划管理是通过编制和执行计划来实现。计划有3类，即长期计划、年度计划和阶段计划，三者构成计划体系，相互联系和补充（图6–1）。

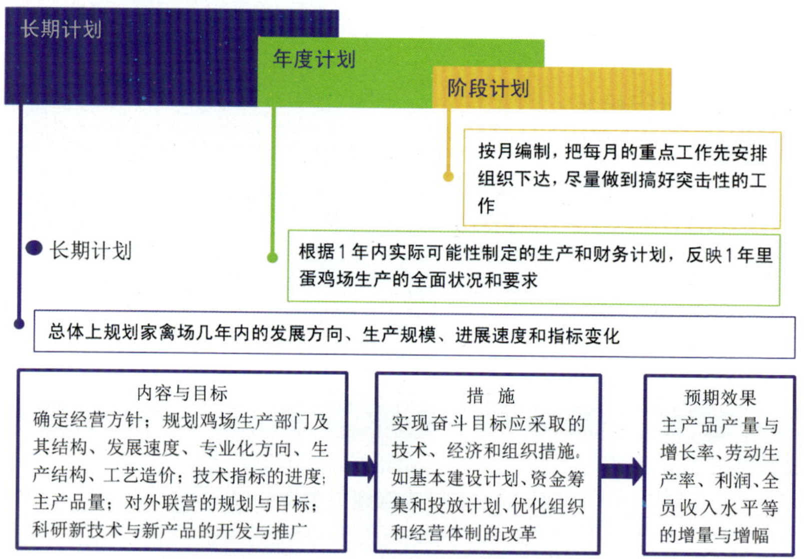

图6–1　蛋鸡场生产计划内容

生产计划包括物质供应、鸡只的周转、产品生产等计划。相关统计表格见表6–1至表6–4。

表 6–1　蛋鸡场资金周转

分　类	固定投入		流动资金					合　计
项目	鸡舍	鸡舍设施	鸡苗	饲料	能源	人员报酬	保健药品	
投入值								

表 6–2　育雏育成鸡的计划周转

	0 ~ 42 日龄					43 ~ 132 日龄				
月份	期初只数	转入日期数量	转出日期数量	死淘率	平均饲养只数	期初只数	转入日期数量	转出日期数量	成活率	平均饲养只数
合计										

表 6–3　产蛋期的周转

月份	期初数	转入		死亡数	淘汰数	存活率	总饲养只日数	平均饲养只数
		日期	数量					
合计								

表 6–4　产品生产计划

项目	产蛋日期	产蛋鸡鸡日龄	每只鸡日均产蛋量	产蛋率	蛋重	饲料效率

二、蛋鸡场规章制度制定

（一）管理制度

生产管理制度、投入品使用管理制度，制度上墙，严格执行。

（二）操作规程

有科学的饲养管理操作规程。制定科学合理的免疫程序。

（三）档案管理

有进鸡时的动物检疫合格证明，记录品种、来源、数量、日龄等情况。

完整的生产记录，包括日产蛋、日死淘、日饲料消耗及温湿度等环境条件记录；有饲料、兽药使用记录，包括使用对象、使用时间和用量记录；有完整的免疫、用药、抗体监测及病死鸡剖检记录；每批鸡的生产管理档案。

以上生产记录须详细完整，专人管理，保存 2 年。

（四）专业技术人员

蛋鸡养殖场需有 1 名或 1 名以上畜牧兽医专业技术人员。

（五）疫病预防

蛋鸡场疫病预防如图 6–2。

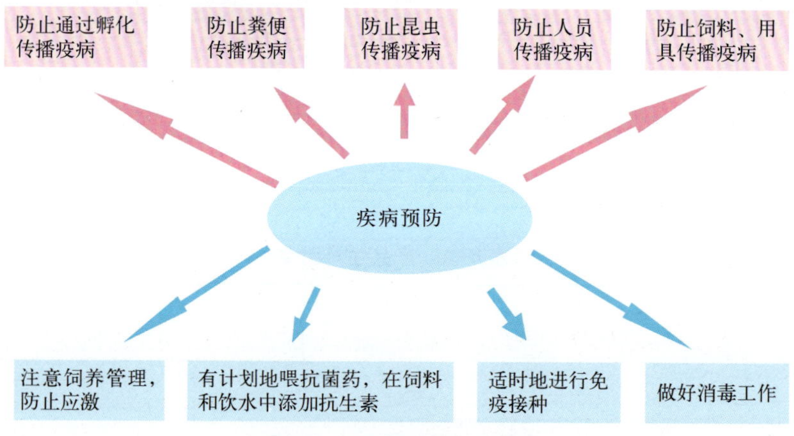

图 6–2　蛋鸡场疫病预防

三、蛋鸡场的信息化管理

一方面通过信息采集装置收集饲养环境的各项指标，以及输入饲养管理的方式、方法，将收集到的信息进行汇总，另一方面将生产信息，包括对鸡蛋的总量和蛋品质、鸡的生产性能和死淘以及鸡的耗料量进行收集处理，然后对条件信息和生产信息处理，将控制信息反馈给条件信息，对环境条件和饲养管理方式进行调整，使蛋鸡场的经济效益达到最大化（图 6–3）。

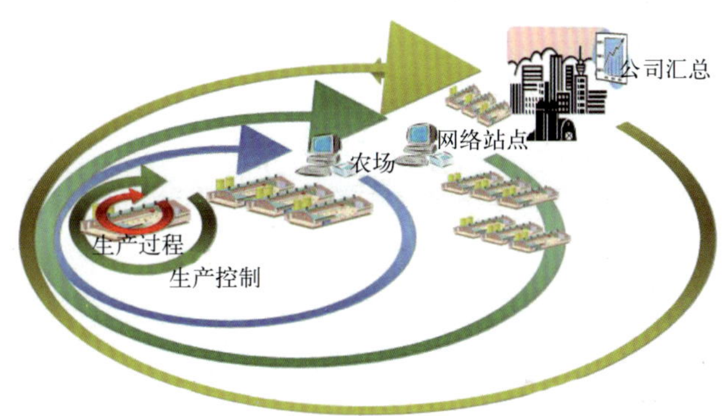

图 6–3　蛋鸡场信息化管理

第二节　蛋鸡场的经营管理

一、蛋鸡场的组织结构

蛋鸡场组织结构见图 6–4。

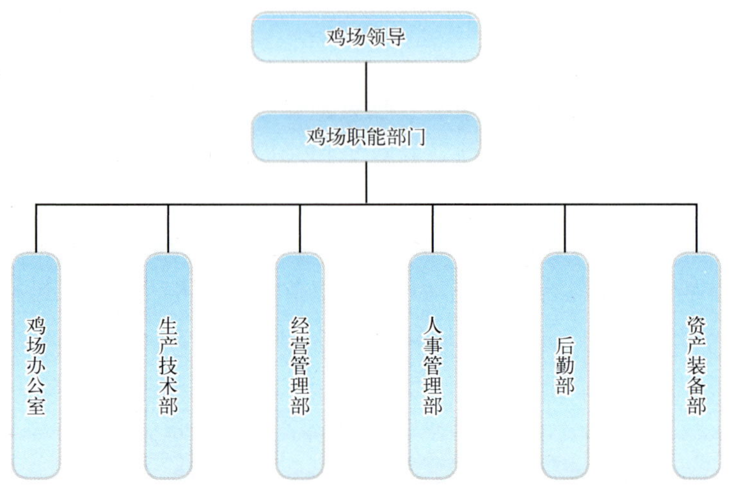

图 6–4　蛋鸡场组织结构

二、蛋鸡场的岗位职责

场长　全面负责蛋鸡场的管理，组织制定生产计划和各种规章制度，并监督检查其落实情况。组织制定和初审各批鸡的饲养管理方案及预防措施。负责落实经理办公会议有关决定，定期向经理办公会议汇报生产情况。

副场长　负责各车间的饲养管理工作；合理调动各车间的人员，认真做好考勤及纪律工作；制定各批蛋鸡的饲料管理方案和特殊时期的饲养管理；依据各项规章制度检查各岗位人员的工作状况。

值班人员　时间从当日下班到次日上班。检查夜间各岗位工作情况。检查各鸡舍情况；现场处理各种突发事件；完成领导安排的其他工作。

车间主任 带领本车间员工认真遵守公司的各项规章制度；带领本车间员工团结协作，按操作规程高质量地完成当日各项工作；勤于观察，及时发现鸡群及设施等存在的问题，如解决不了立即汇报；协助防疫部门做好免疫工作；服从分配，完成领导安排的其他工作。

饲养人员 严格遵守公司的各项规章制度；服从领导，听从指挥，认真完成本职工作；不偷懒、不耍滑、不迟到、不早退、不旷工；熟练掌握各种操作技能；团结同事，不无事生非，不挑拨离间，不拉帮结伙。

三、蛋鸡场的人员配置

①制定用人计划，使用人计划的数量、层次和结构符合组织的目标任务和组织机构设置的要求。

②确定人员的来源，即确定是从外部招聘还是从内部重新调配人员。

③对应聘人员根据岗位标准要求进行考察，确定被选人员。

④确定人选，必要时进行上岗前培训，以确保能适用于组织的需要。

⑤将所定人选配置到合适的岗位上。

⑥对员工的业绩进行考评，并据此决定员工的续聘、调动、升迁、降职或辞退。

四、蛋鸡场的财务管理

财务管理的基本任务是做好各项财务收支的计划，控制、核算、分析和审核工作，建立并完善集团财务管理的会计核算体系，及时、准确、全面、真实地反映集团的财务状况和经营成果。

在蛋鸡场的财务管理中成本核算是财务活动的基础和核心（图 6–5）。

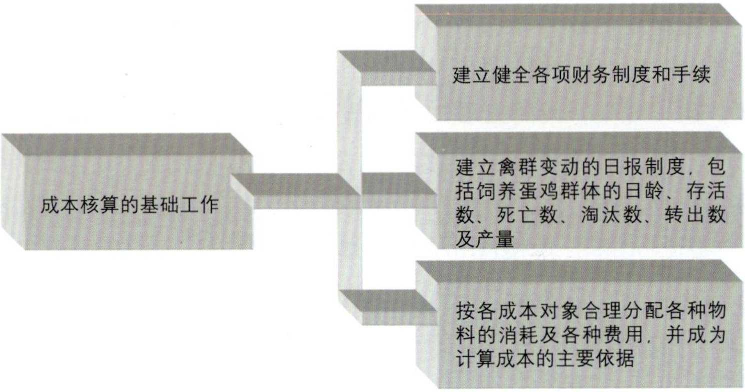

成本核算的基础工作
- 建立健全各项财务制度和手续
- 建立禽群变动的日报制度，包括饲养蛋鸡群体的日龄、存活数、死亡数、淘汰数、转出数及产量
- 按各成本对象合理分配各种物料的消耗及各种费用，并成为计算成本的主要依据

图 6–5　财务管理

五、考核利润指标

指标一：产值利润及产值利润率

产值利润 = 生产产值 − 可变成本 − 固定成本余额

$$产值利润率 = \frac{销售总额}{产品产值} \times 100\%$$

指标二：销售利润及销售利润率

销售利润 = 销售收入 − 生产成本 − 销售税金

$$销售利润率 = \frac{产品销售利润}{产品销售收入} \times 100\%$$

指标三：营业利润及营业利润率

营业利润 = 销售利润 − 推销费用 − 推销管理费

企业的推销费用包括接待费，推销人员工资及旅差费，广告宣传费等

营业利润率 = 营业利润 / 产品收入 × 100%

指标四：经营利润及经营利润率

经营利润 = 经营利润 ± 营业外损益

营业外损益指与企业的生产活动没有直接联系的各种收入或支出。

$$营业利润率 = \frac{经营利润}{产品销售收入} \times 100\%$$

六、蛋鸡场的经营管理策略

（一）蛋鸡场的经营策略

1. 市场调查　市场调查是用科学的方法，对一定范围内的养鸡数量、产品需求状况、价格、经营利润情况等信息进行有目的、有计划、有步骤的收集、记录、整理与分析，为经营管理部门制定政策及进行科学的经营决策提供依据。

2. 市场调查的内容　市场调查的内容包括市场环境的调查、自然地理环境的调查、社会环境的调查、市场供给调查、市场需求调查、市场价格调查、饲料资源调查等。

3. 市场调查的方法　询问调查法、资料分析法、典型调查法。

4. 养鸡场的经营方向　养鸡场的经营方向决策除依据于正确的市场调查与市场预测之外，还受许多因素的制约，如主管人员的管理水平、技术人员的技术水平、资金状况、地理位置及产品销售渠道等。

（二）蛋鸡场的生产管理策略

1. 加强管理，降低饲养成本，依靠科技进步，提高生产水平

加强对鸡场环境的改造，从养鸡场布局、排污、环境控制等方面入手，实行育雏、育成、产蛋、办公分区管理；全进全出，彻底解决人鸡混居的问题；配套乳头式饮水器推广，解决鸡的饮水卫生问题；炎热夏季的纵向通风、湿帘降温等技术；充分发挥良种鸡的生产潜力等。

2. 使用电脑计算饲料配方　根据鸡的不同阶段营养需要，原

料的价格变化等，使用电脑及时调整饲料配方，不仅价格较低，而且营养平衡，饲料转化率高，有的养鸡场使用的配方，不管原料的变化，很多年不变，造成饲料浪费。

充分利用可消化氨基酸配合饲料的理论，选用各种质优价廉的动、植物蛋白原料代替部分价格昂贵的鱼粉、豆粕，降低饲料成本。

3. 正确使用添加剂　饲料中还可适量添加复合酶制剂、香味剂、抗热应激添加剂等，能显著提高饲料转化率。

4. 把握行业的发展规律合理组织生产　养鸡场的管理与决策人员要有较强的市场意识和对信息准确的把握本领，还要熟知养鸡生产自身的市场波动规律。

5. 适度规模，提高设施利用率　在生产管理上要有周密的鸡群周转计划，除了必要清洗空闲消毒鸡舍外，尽可能提高鸡舍利用率，不要因暂时亏损而轻易停止周转，特别要注意的是在计算鸡群的盈亏临界线时，若无新母鸡群补充，可以暂不计算产品的固定成本，而以可变成本为主，维持饲养人员工资、水电支出。

参 考 文 献

[1] 杨宁．现代养鸡生产[M]. 北京：中国农业大学出版社，1994.

[2] 杨山，等．现代养鸡[M]. 北京：中国农业出版社，2002.

[3] 中华人民共和国农业部．中华人民共和国农业行业标准鸡饲养标准[M]. 北京：中国标准出版社，2004.

[4] 佟建明．蛋鸡无公害综合饲养技术[M]. 北京：中国农业出版社，2003.

[5] 黄仁录，等．蛋鸡标准化规模养殖图册[M]. 北京：中国农业出版社，2011.

[6] 杨宁，等．蛋鸡标准化养殖技术图册[M]. 北京：中国农业科学技术出版社，2011.

[7] 林伟．蛋鸡高效健康养殖关键技术[M]. 北京：化学工业出版社，2009.

[8] 呙于明．鸡的营养与饲料配制[M]. 北京：中国农业大学出版社，1994.

[9] 高玉鹏，等．无公害蛋鸡安全生产手册[M]. 北京：中国农业出版社，2008.

[10] 傅润亭，等．无公害蛋鸡标准化生产[M]. 北京：中国农业出版社，2006.

[11] 郭强．现代蛋鸡生产新技术[M]. 北京:中国农业出版社，2005.

[12] 杨宁．家禽生产学[M]. 北京：中国农业出版社，2002.

[13] 范红结，等．新编鸡场疾病控制技术[M]. 北京：化学工业出版社，2010.

[14] 陈杖榴．兽医药理学[M]. 北京：中国农业出版社，2002.

[15] 武书庚．蛋鸡饲料调制加工与配方集萃[M]. 中国农业科学技术出版社，2013.